OTDR 测量技术介绍

蒋宗伯　刘若鹏　胡肖潇　编著

天津大学出版社
TIANJIN UNIVERSITY PRESS

内容简介

OTDR 测量技术被广泛应用于光缆施工和光缆维护工作中,在一些传感系统中也有特别应用。它涉及光纤光学、电子学等领域。本书首先介绍了 OTDR 测量技术的基本原理,并对经常使用到的 OTDR 术语结合光纤光缆工程测量情况、参数、指标进行了介绍,介绍了 OTDR 的操作方法、测量应用场景、注意事项和应用技巧;最后介绍了 OTDR 测量技术近期的发展状况。

图书在版编目(CIP)数据

OTDR测量技术介绍/蒋宗伯, 刘若鹏, 胡肖潇编著
. -- 天津 : 天津大学出版社, 2021.8
ISBN 978-7-5618-7028-0

Ⅰ.①O… Ⅱ.①蒋… ②刘… ③胡… Ⅲ.①工程测量－测量技术 Ⅳ.①TB22

中国版本图书馆CIP数据核字(2021)第173723号

出版发行	天津大学出版社
地　址	天津市卫津路92号天津大学内(邮编:300072)
电　话	发行部:022-27403647
网　址	www.tjupress.com.cn
印　刷	北京虎彩文化传播有限公司
经　销	全国各地新华书店
开　本	169 mm×239 mm
印　张	5.25
字　数	108千
版　次	2021年8月第1版
印　次	2021年8月第1次
定　价	16.00元

前　言

　　在光纤通信系统中,光源、光功率计、光衰减器、光时域反射仪(OTDR)和光纤焊接机是最为基础、使用最多的测量仪和施工工具,特别是对于光缆施工、光缆维护工作而言,OTDR 是必不可少的。相对于光源、光功率计等,OTDR 具有单端操作的特点,只需在光缆一端,维护人员就能够对光缆进行性能测试、故障诊断,非常方便。可以毫不夸张地说,OTDR 就是光缆故障诊断中的"探测雷达"。通过它,维护人员能够迅速对光缆损伤、断点进行定位;否则,光缆维护工作效率将大大降低,甚至无法进行。此外,OTDR 技术还可以用于分布式光缆传感系统,如分布式光缆振动传感系统、分布式光缆温度传感系统、分布式应力传感系统。在光通信网络安全防护领域,OTDR 技术可以用于物理层(光纤、光缆)的安全监测,如光缆窃听监测。

　　OTDR 测量技术不但涉及电子学领域,更多的涉及光纤光学领域。相对于光源、光功率计而言,OTDR 的原理和结构都要复杂不少,使用 OTDR 时,需要进行更多的参数设置。只有充分了解 OTDR 测量原理,选择使用正确的测量参数,采用一些 OTDR 测量技巧,才能够更有效地提升光纤光缆测量的准确性、有效性。

　　本书首先介绍 OTDR 测量技术的基本原理,并对经常使用到的 OTDR 术语、参数、指标进行介绍;再结合光纤光缆工程测量情况,介绍 OTDR 的操作方法、测量应用场景、注意事项和应用技巧;最后简单介绍 OTDR 测量技术近期的发展状况。

作　者
2021 年 6 月

目　　录

第 1 章　OTDR 历史和基本原理 ……………………………………… 1

1.1　OTDR 历史 ………………………………………………… 1

1.2　OTDR 基本原理 …………………………………………… 2

　　1.2.1　OTDR 的基本结构 ………………………………… 2

　　1.2.2　OTDR 的基本原理 ………………………………… 4

第 2 章　OTDR 测量概述 ……………………………………………… 10

2.1　光纤链路参数测量 ………………………………………… 12

　　2.1.1　光纤链路长度 ……………………………………… 12

　　2.1.2　链路衰减 …………………………………………… 14

　　2.1.3　链路平均衰减系数 ………………………………… 16

　　2.1.4　链路回波损耗 ……………………………………… 16

2.2　事件参数 …………………………………………………… 18

　　2.2.1　事件距离 …………………………………………… 18

　　2.2.2　事件损耗 …………………………………………… 19

　　2.2.3　事件回波损耗 ……………………………………… 21

2.3　光纤段参数测量 …………………………………………… 22

　　2.3.1　光纤段长度 ………………………………………… 22

　　2.3.2　光纤段衰减 ………………………………………… 23

　　2.3.3　光纤段衰减系数 …………………………………… 24

第 3 章　OTDR 的工作参数 …………………………………………… 25

3.1　工作波长 …………………………………………………… 25

3.2　光接口类型 ………………………………………………… 26

3.3　光纤模式 …………………………………………………… 27

3.4　量程 ………………………………………………………… 27

3.5　测量时间 …………………………………………………… 27

3.6　测量脉冲宽度 ……………………………………………… 28

3.7　光纤折射率 ………………………………………………… 28

3.8　后向散射系数 ……………………………………………… 30

3.9 光纤测量阈值 ·· 30

3.10 光缆余长系数 ·· 31

3.11 测量模式 ·· 31

第4章 OTDR 的主要指标 ···································· 33

4.1 工作波长 ·· 33

4.2 动态范围 ·· 34

4.3 盲区 ··· 38

4.3.1 事件盲区 ·· 38

4.3.2 衰减盲区 ·· 40

4.4 测量线性度 ·· 42

4.5 显示分辨率 ·· 42

4.6 距离分辨度 ·· 43

4.7 距离不确定性 ·· 44

4.8 回波损耗测量误差 ····································· 44

4.9 测量范围 ·· 44

第5章 OTDR 测量应用场景、注意事项和应用技巧 ············· 46

5.1 光纤光缆的交付测量 ··································· 46

5.2 光缆施工前的测量 ····································· 47

5.3 光缆施工中的测量 ····································· 47

5.4 光缆工程竣工验收测量 ································· 48

5.5 光缆网络维护中的测量 ································· 49

5.6 光缆网络维护中的监测 ································· 50

5.6.1 光缆监测系统组成 ································· 50

5.6.2 光纤非线性对在线式光缆监测系统的影响 ············· 51

5.6.3 光缆监测系统与 OTDR 的一些差别 ················· 53

5.7 PON 网络中光缆维护的测量和监测 ······················ 55

5.8 树形网络中的光缆监测 ································· 57

5.9 WDM 城域网中光缆维护的测量和监测 ··················· 60

5.10 5G 前传网络中光缆维护的测量和监测 ··················· 61

5.11 光通信网络中的光缆防窃听监测 ························ 62

第6章 OTDR 技术发展状况 ····························· 65

6.1 OTDR 技术方案的多样化 ······························· 65

6.2 OTDR 指标的提升情况 ································· 69

6.3 光缆线路测量、监测要求的提升 ························ 69

6.3.1 光缆故障位置快速定位和快速追踪·············· 70

6.3.2 光缆识别··· 71

6.3.3 光缆安全预警系统··································· 73

参考文献·· 74

第 1 章　OTDR 历史和基本原理

1.1　OTDR 历史

在 1976 年 *Applied Optics*. 第 15 期上，M. K. Barnoski 和 S. M. Jensen 发表的 *Fiber waveguides：A novel technique for investigation attenuation characteristics* 一文中，首次提出了后向散射理论。1976 年，Personik 对后向散射术作了进一步的研究与发展，并通过各种实验数据，建立了多模光纤的瑞利后向散射功率方程。随后，后向散射理论被发展用于多模光纤测量。1980 年，Brinkmeyer 将后向散射技术应用于单模光纤，推导出同样的关系，论证了后向散射功率方程不仅适用于多模光纤，也适用于单模光纤。1984 年，H.Hartog 和 Martin P.Gold 进一步从理论上对单模光纤的后向散射理论进行了阐述，分析了后向散射系数与光纤结构参数的关系，开启了光时域反射仪（Optical Time Domain Reflectometer，OTDR）在单模光纤测量中的应用。

在后向散射分类中，除了瑞利散射，还有拉曼散射和布里渊散射。从光学原理上分类，瑞利散射属于线性光学，而拉曼散射和布里渊散射属于非线性光学。基于瑞利散射的 OTDR，包括直接强度检测 OTDR、偏振敏感 OTDR、相干 OTDR、相位敏感 OTDR；基于拉曼散射的 OTDR 称为 R-OTDR；基于布里渊散射的 OTDR 称为 B-OTDR。利用拉曼散射对温度敏感的特性，R-OTDR 被用于光纤温度分布式传感和探测；利用布里渊散射对温度和应变敏感的特性，B-OTDR 被用于光纤温度和应变分布式传感和探测。

在基于瑞利散射的 OTDR 中，最为大家熟悉的是直接强度检测 OTDR，其早已被商品化，且被广泛应用于光纤链路的衰减测量、光纤连接头和光纤熔接点的质量检查、光纤缺陷检查、光纤失效探测。除了直接强度检测 OTDR，基于瑞利散射的 OTDR 还包括偏振敏感光时域反射仪（P-OTDR）、相干光时域反射仪（C-OTDR）、相位敏感光时域反射仪（φ-OTDR），它们也可以被用于光纤分布式传感应用中，如光纤弯曲探测、光纤振动探测等。

由于本书中主要涉及光纤光缆线路参数的测量，如光纤链路衰减、连接损耗、连接头回波损耗,使用的是直接强度检测 OTDR。因此,在下面的章节中,如没有特别标注,提及的 OTDR 均指直接强度检测 OTDR。

1.2 OTDR 基本原理

1.2.1 OTDR 的基本结构

图 1-2-1-1 为 OTDR 的基本结构示意图。

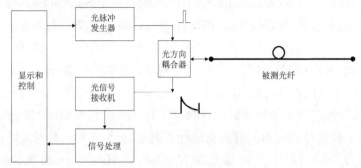

图 1-2-1-1 OTDR 基本结构示意图

OTDR 的基本组成包括光脉冲发生器、光信号接收机、光方向耦合器、信号处理、显示和控制单元。

光脉冲发生器一般由半导体激光器、激光器驱动电路和调制器组成。由于需要最窄脉冲宽度在 10 ns 级别,如果不考虑激光器直接调制带来的光谱展宽问题,从降低成本、降低插入损耗的角度考虑,可以不需要诸如声光、电光之类的高速调制器,只需要激光器驱动电路提供 100~1 000 mA 的脉冲驱动电流,对半导体激光器进行直接调制即可。输出的光脉冲信号宽度为 3 ns~20 μs,峰值可高达100 mW。通常情况下,光源采用 F-P 多纵模半导体激光器,即 FP-LD,−3 dB 光谱宽度从 1 nm 到 10 nm。采用 F-P 多纵模半导体激光器并非只是出于成本因素的考虑,如果采用 DFB-LD 类型的光源,由于 DFB-LD 光源的光谱宽带较窄,有较好的相干性,会产生较大的光强度噪声,反而不利于测量工作,需要对 DFB-LD 采取扰动,使 DFB-LD 的光谱宽度展宽至 1 nm 左右,降低其相干性。有时为了获得更高的测量动态范围,光脉冲发生器应具有更高的输出光功率,需要使用光功率放大器,如掺铒光纤放大器或光纤拉曼放大器,使得光脉冲发生器输出的光脉冲峰值功率可高达 1 W,虽然有办法可以获得更高的光脉冲峰值功率,但由于光纤非线性输入功率门限的限制,OTDR 光脉冲发生器输出到光纤的光脉冲峰值功率通常在 1 W 以下。

光信号接收机通常由 APD 光电探测器和放大电路组成,为了响应 10 ns 的脉冲,光信号接收机大概需要有 100 MB 左右的带宽。APD 光电探测器作为光电转换器,将光信号转换为光电流,并且具有一定的增益,可以提高光信号接收机的接收灵敏度。通常采用互阻可控的互阻放大器作为将光电流进行放大的前级放大电路,将光电流转换为电压输出,它既有较好的噪声特性和带宽响应,同时具有极高的信号动态范围,互阻放大器的输入光电流变化范围为 $10^{-11} \sim 10$ mA。

光方向耦合器所起的作用是将光脉冲发生器的输出光信号耦合至被测光纤中,同时将被测光纤中的后向散射信号和菲涅耳反射信号耦合至光信号接收机。通常使用 1×2 光分路器或者光环行器构成光方向耦合器,与 1×2 光分路器相比,使用光环行器构成光方向耦合器带来的插入损耗更小一些。

后向散射信号和菲涅耳反射信号经过光信号接收机转换并放大后,需要经 A/D 转换后再进行数字处理,如累加、数字滤波、对数变换、测量结果计算等,最后在用户界面上显示 OTDR 迹线和光纤链路特性参数测量结果。A/D 转换器的取样位数为 10 ~ 16 位,取样率为 50 ~ 1 000 MSPS;考虑到成本因素,通常取样位数为 10 ~ 12 位,取样率为 50 ~ 250 MSPS。取样率的高低会影响到在光纤空间上的分辨率,为了达到 10 cm 的空间分辨率,取样率需要达到 1 000 MSPS,直接要求 A/D 转换器具有 1 000 MSPS 的取样率,在成本上是极不合算的,通常采用的办法是使用较低取样率的 A/D 转换器,再通过移相多次采样的办法来变相提高 A/D 转换器的取样率。例如,对 100 MSPS 取样率的 A/D 转换器,采用 8 相移位,将 8 次取样数据组合后能得到 800 MSPS 取样率的数据,这样既保证了空间上的分辨率要求,成本也不至于增加过多,是一种使用测量时间换取空间分辨率的办法。另外,由于后向散射信号很弱,即使是 APD 具有一定的增益,获得的光电流也可能低至 10^{-11} mA;在只能获得如此微弱的光信号情况下,在 OTDR 测量中,经常使用一种手段来提高信号的信噪比(Signal to Noise Ratio,SNR)以获得较高的测量动态范围——信号累加平均,即通过将成千上万次测量结果进行累加平均,可以大幅度提高微弱信号的信噪比,以获得较高的测量动态范围。

1.2.2　OTDR 的基本原理

如图 1-2-1-1 所示的光脉冲发生器产生的光脉冲通过光方向耦合器注入到被测光纤,光脉冲进入被测光纤后,在向前传输的同时,沿途不断发生瑞利散射,瑞利散射光的辐射方向是全向的,但不同方向的辐射强度不同,辐射强度分布为∞形,沿入射光方向(或者反向)的辐射强度最大,沿入射光垂直方向的辐射强度最小,其中一部分辐射方向的散射光被光纤耦合后沿入射光的反方向传输,这部分散射光也就是常说的后向散射光。后向散射光沿光纤反向传输到光方向耦合器后被耦合至光信号接收机。光脉冲在被测光纤中向前传输的过程中,除了沿途不断发生散射外,在光纤不连续的点,如断裂点、活动连接器、端面,还会发生菲涅耳反射,如图 1-2-2-1。

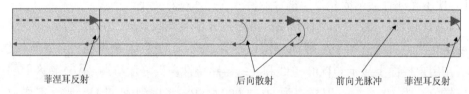

菲涅耳反射　　　　　　　　　后向散射　　　前向光脉冲　　菲涅耳反射

图 1-2-2-1　后向散射和菲涅耳反射

光信号在光纤中传输,沿途不断发生瑞利散射,在介质不连续点,还会发生菲涅耳反射,这种情形与雷达探测情形非常相似,因此有时也将 OTDR 看成一维的光纤激光雷达。

如上所述,在光信号接收机端接收到的光信号包含光纤的后向散射信号和菲涅耳反射信号。后向散射是分布、连续式发生的,而且在后向传输过程中,也同样受到光纤链路的衰减,因此后向散射信号中包含光纤链路的衰减特性信息;而菲涅耳反射发生在光纤中的离散点,菲涅耳反射信号包含光纤离散点(如活动连接器、断裂点、端面)的回波损耗信息;并且接收到的后向散射和反射信号 P 是时间的函数,根据光信号在光纤中的传输距离 z 与速率 v、时间 t 的关系 $z = vt$,可以将后向散射和反射信号 $P(t)$ 转换成距离的函数 $P(z)$,将函数 $P(z)$ 对应的曲线称为 OTDR 迹线。

从 OTDR 迹线中,不但可以获得活动连接器、断裂点、端面、衰减突变点与光纤起始点的光纤长度距离,通过计算,还可以获得光纤链路的衰减、光纤连接器和熔接头的损耗等参数。

　　下面结合简单的图解,推导接收到的后向散射信号功率与光纤距离的函数 $P(z)$。

　　如图 1-2-2-2 所示,宽度为 T、功率为 P_0 的光脉冲从光纤的一个端面注入光纤中,将光脉冲分为 m 个紧密排列的窄脉冲,每个窄脉冲的宽度为 T/m。在时间顺序上,第 1 个窄脉冲首先进入光纤,记为时间坐标起点 0 时刻,然后是第 2 个窄脉冲,第 m 个窄脉冲最后进入光纤。

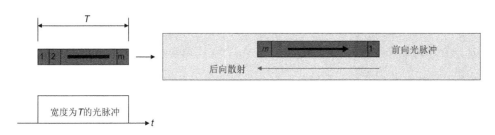

图 1-2-2-2　光脉冲注入光纤

　　如图 1-2-2-3 所示,将光纤 o 处端面标记为光纤距离坐标原点。由于在时间上 m 个窄脉冲是依次进入光纤 o 处端面的,那么在 t 时刻,在光纤 o 处端面接收到的后向散射光信号的组合情况是:第 1 个窄脉冲在 a_1 处的后向散射信号,……,第 m 个窄脉冲在 a_m 处的后向散射信号。

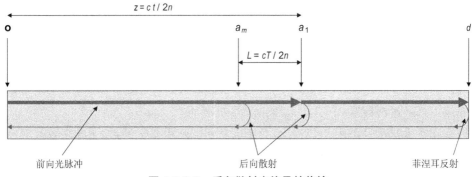

图 1-2-2-3　后向散射光信号的传输

　　a_1 的 z 坐标值为 $ct/2n$,a_m 的 z 坐标值为 $ct/2n - cT/2n$,因此 a_1、a_m 之间的距离为 $L = cT/2n$,其中 c 为真空中的光速,n 为光纤的有效群折射率。

　　换一种形象的说法,就是在 t 时刻,光纤 o 处端面接收到的后向散射光信号是光脉冲(宽度为 T)照射长度为 L 的光纤段所产生的后向散射光信号的总和,其强度为 $S \cdot L \cdot P_i(z)$,其中 $P_i(z)$ 为 z 处的入射光功率,S 为光纤后向散射系数。

根据习惯采用的光纤衰减 $A(z)$ 与光功率关系:

$$A(z) = -10 \times \lg \frac{P_i(z)}{P_0} \tag{1-2-2-1}$$

或

$$P_i(z) = P_0 \times 10^{-A(z)/10} \tag{1-2-2-2}$$

从 o 到 z,光脉冲被衰减了 $A(z)$;同样,从 z 到 o,后向散射光信号也被衰减了 $A(z)$。

忽略长度 L 引起的衰减差别,在 t 时刻,光纤 o 处接收到光纤 z 处的后向散射光信号功率 $P(z)$ 可以表示为

$$P(z) = \frac{P_0 S T c}{2n} \times 10^{-A(z)/5} \tag{1-2-2-3}$$

其中,z 和 t 的映射关系为 $z = ct/2n$。

比较式(1-2-2-2)和式(1-2-2-3)的差别,$P_i(z)$ 只被光纤衰减了 1 次,而 $P(z)$ 被光纤衰减了 2 次。

从式(1-2-2-3)中可以看出,接收到的后向散射光信号功率与注入的光脉冲功率、脉冲宽度、光纤后向散射系数成正比。

在 1 550 nm 波长处,光纤后向散射系数 S 在 -80 dB/ns 左右。注:将光纤后向散射系数 S 定义为单位长度光纤的散射强度,虽然从物理含义上看显得更为直观,但如前面所述,宽度 T 的光脉冲照射光纤,在 t 时刻,光纤 o 处端面接收到的后向散射光信号是长度为 $L = cT/2n$ 的光纤段所产生的后向散射信号之和,L 和 T 直接相关,而且采用 OTDR 进行光纤测量时,直接给出的是光脉冲宽度 T 这一参数,所以在 OTDR 中,为了计算方便,通常将 S 的定义从单位长度光纤的散射强度转化为 1 ns 光脉冲在光纤中产生的散射强度。在普通的硅基光纤中,1 ns 宽度的光脉冲对应大约 0.1 m 长度的光纤散射体。

由于光纤后向散射系数很小,产生的后向散射信号很弱,为了获得较好的信噪比,通常需要较高的光脉冲功率,在 OTDR 中,光脉冲峰值功率通常大于 10 dBm,有时可达 30 dBm,虽然按目前的技术水平,也可以找到光脉冲功率高达 50 dBm 以上的光源,但受制于光纤的非线性,注入的光脉冲功率也不能太高。除了使用较高脉冲峰值功率的光源,也可以通过增加光脉冲宽度来提高接收到的后向散射光信号功率,但光脉冲宽度越宽,产生的盲区越大,能够分辨事件点的能力越差,通常光脉冲宽度范围在 1 ns~20 μs;理论上,使用 1 ns 宽度光脉冲的 OTDR 能够分辨相隔 0.1 m 距离的两个事件,而使用 20 μs 宽度光脉冲的

OTDR 只能够分辨相隔 2 km 距离的两个事件。所以,在使用 OTDR 进行测量时,需要根据光纤链路情况选择使用不同的工作参数,这是非常重要的,在后续章节里,还会对 OTDR 工作参数选择进行详细介绍。

对于一段均匀的光纤,即光纤沿纵轴方向(z 方向)的衰减是均匀或近似均匀的,后向散射系数 S 沿纵轴方向(z 方向)也是均匀的,光信号接收机接收到的后向散射光信号功率与光纤长度 z 的函数 $P(z)$ 曲线如图 1-2-2-4 所示,它是一段指数函数曲线。如果对 $P(z)$ 取对数,求得 $A(z)$:

$$A(z) = -5 \lg P(z) - 5 \lg(P_0 STc/2n) \qquad (1\text{-}2\text{-}2\text{-}4)$$

其中,$A(z)$ 的单位为 dB。

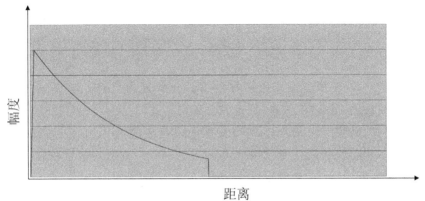

图 1-2-2-4　后向散射光信号

得到如图 1-2-2-5 所示的曲线,所关注的曲线段是中间的直线段,直线段的斜率绝对值代表了光纤的单程长度衰减系数 $\alpha(z)$,单位为 dB/km。

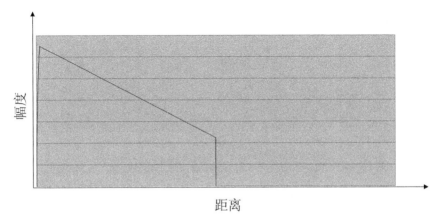

图 1-2-2-5　后向散射光信号(幅度坐标单位为 dB)

光纤中除了瑞利散射产生的后向散射信号外,光纤中折射率不连续点还会对光信号产生菲涅耳反射。对所产生的菲涅耳反射信号强度,可以用回波损耗 $RL(z)$ 来表征:

$$RL(z) = -10 \times \lg \frac{P_R}{P_i(z)} \qquad (1\text{-}2\text{-}2\text{-}5)$$

其中,$P_i(z)$ 为 z 点的入射光功率,P_R 为 z 点的菲涅耳反射光功率。

菲涅耳反射点为离散点,所产生的菲涅耳反射光信号脉冲形状与入射光信号脉冲形状相同;另外,考虑到 $P_i(z)$ 为 P_0 从 o 点到 z 点被衰减了 $A(z)$,同样 $P_R(z)$ 从 z 点到 o 点也被衰减了 $A(z)$,因此在 o 点接收到 z_0 点菲涅耳反射光功率为

$$P(z) = P_0 \times 10^{-A(z)/5} \times 10^{-RL(z)/10} \times [\varepsilon(z-z_0) - \varepsilon(z-z_0-Tc/2n)] \quad (1\text{-}2\text{-}2\text{-}6)$$

式(1-2-2-6)中的 $\varepsilon(z)$ 为阶跃函数,z_0 点产生的菲涅耳反射光功率 $P(z)$ 在 $z_0 \sim (z_0-Tc/2n)$ 之外为 0。

式(1-2-2-6)表征了在 o 点接收到的 z_0 点菲涅耳反射光功率与光纤衰减 $A(z)$、回波损耗 $RL(z)$ 的关系,从式(1-2-2-3)和式(1-2-2-6)也可以计算出 z_0 点菲涅耳反射的回波损耗 $RL(z_0)$,即使是在不知道 P_0 的情况下。

在光信号接收机端,接收到的光信号是光纤中后向散射信号和菲涅耳反射信号的叠加,即式(1-2-2-3)和式(1-2-2-6)中 $P(z)$ 的叠加。

如图 1-2-2-6 所示包含三个菲涅耳反射点的 OTDR 典型曲线,三个菲涅耳反射点依次是光纤首端面、光纤段中间的活动连接器和光纤末端面。

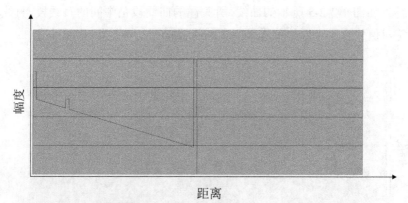

图 1-2-2-6　后向散射信号和菲涅耳反射信号(幅度坐标单位为 dB)

从式(1-2-2-6)和图 1-2-2-6 中可以看出,在 OTDR 曲线中,每个菲涅耳反射点后,菲涅耳反射信号会遮盖住后向散射信号,由此产生了一小段衰减测量盲

区,这段盲区的长度理论上不小于 $Tc/2n$,衰减测量盲区的存在,会使得不能通过所获取的 OTDR 迹线测量盲区长度内的光纤衰减,通常将衰减测量盲区简称为"衰减盲区"。除此之外,如果两个菲涅耳反射点相隔较远,可以很容易区分两个菲涅耳反射脉冲信号,相对应,可以区分这两个菲涅耳反射点,但当两个菲涅耳反射点距离逐步减小,菲涅耳反射信号脉冲出现较严重重叠时,将不能够区分出两个菲涅耳反射点,由此产生了测量菲涅耳反射事件的盲区,通常将测量菲涅耳反射事件的盲区简称为"事件盲区"。从式(1-2-2-6)可以得出,"事件盲区"的长度理论上不小于 $Tc/2n$。

第2章 OTDR 测量概述

OTDR 测量获得的光纤后向散射功率曲线表征了被测光纤链路的特征,称为"OTDR 曲线"或"OTDR 迹线"。

在 OTDR 测量中,因光纤轴向折射率分布不连续而产生的菲涅耳反射,称为"反射事件"。

对于光纤轴向衰减不连续,称为"非反射事件"或"衰减事件"。

对于两个事件之间的光纤,称为"光纤段"。

对于整段光纤,称为"光纤链路"。

在 OTDR 迹线中,反射事件对应的是一个"峰",非反射事件对应的是一个向下或向上的"台阶",光纤段对应的通常是一段"线段"。

如图 2-0-1 所示的 OTDR 迹线中,包含三个反射事件①、②、④,一个非反射事件③,三段光纤段①—②、②—③、③—④。其中,反射事件①对应光纤链路起始端面,称为"起始事件";反射事件④对应光纤链路末端面,称为"结束事件";反射事件②在物理上对应的是光纤活动连接器、光纤固定连接器或者是光纤断裂点;非反射事件③在物理上对应的是光纤熔接头或者是光纤被剧烈弯曲、挤压。

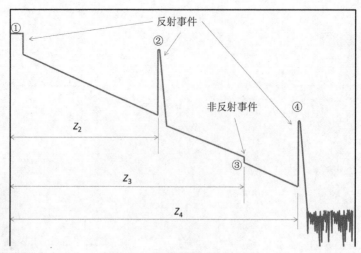

图 2-0-1　反射事件和非反射事件

由于测试使用的光脉冲不是冲击响应脉冲,都有一定的宽度,因此无论是反射事件峰还是非反射事件台阶,在 OTDR 迹线上的表现都有一定的宽度。反射事件峰和非反射事件台阶的起始点横坐标称为"事件的横坐标",它指示了事件到光纤起始点的距离。

对于反射事件,它的特征包含回波损耗、插入损耗(简称损耗)以及到光纤链路起始点的距离。通常起始事件和结束事件的特征不包含插入损耗。

对于非反射事件,它的特征为插入损耗(简称损耗)以及到光纤链路起始点的距离。

对于光纤段,它的特征包含光纤段衰减(或损耗)、光纤段衰减系数、光纤段长度。

对于光纤链路,它的特征包含链路长度、链路衰减、链路平均衰减系数、链路回波损耗。

在绝大部分 OTDR 中,为了方便测量操作,会在 OTDR 迹线显示界面中提供 a、b 标杆工具,a、b 标杆的横坐标值为到起始点的距离(单位为 m 或 km),a、b 标杆的纵坐标值为与 OTDR 迹线相交点的高度值(单位为 dB)。操作人员通过移动 a、b 标杆,可以直接获得 a、b 标杆与 OTDR 迹线相交点的距离值、高度值以及两个相交点的横坐标差值、纵坐标差值。

OTDR 迹线显示界面中的 a、b 标杆,如图 2-0-2 所示。图中,a、b 标杆与 OTDR 迹线相交点为 a、b,a 点和 b 点之间的光纤衰减值为 A_{a-b},光纤长度值为 L_{b-a}。

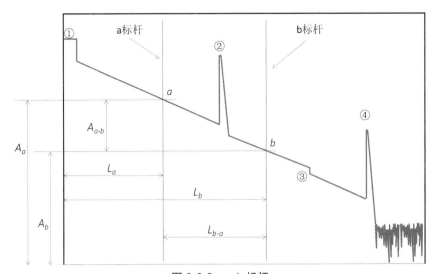

图 2-0-2　a、b 标杆

2.1   光纤链路参数测量

光纤链路参数包含链路长度、链路衰减、链路衰减系数、链路回波损耗,大部分 OTDR 也在测量结果列表中给出光纤链路参数的测量结果,测量操作人员可以通过 OTDR 迹线进行光纤链路参数测量。下面介绍测量操作人员如何通过 OTDR 迹线进行光纤链路参数测量和计算。

2.1.1   光纤链路长度

在 OTDR 迹线上进行光纤链路长度测量的方法和步骤很简单。如图 2-1-1-1 所示,将 a 标杆移到结束事件④的起始点位置,得到结束事件④的横坐标 L_4,即光纤链路长度。

图 2-1-1-1 的 OTDR 迹线中,结束事件④的菲涅耳反射率较高,典型情况如光纤末端为成端(即带有 FC-PC 或 SC-PC 的活动连接器),反射率可达 -25dB 以上,反射峰陡峭,反射峰起始位置明显,获得的光纤链路长度测量结果会比较准确。

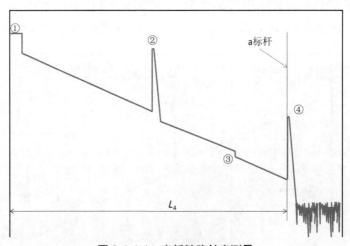

图 2-1-1-1   光纤链路长度测量

当光纤末端未成端,或光纤末端呈被剪断状态时,虽然光纤末端也会产生菲涅耳反射,但反射率不高,只有 -60 ~ 40 dB。如果此时采用 1 μs 的测试脉宽,后向散射光的反射率可达 -52 ~ 45 dB。当菲涅耳反射光电平接近于后向散射光电平时,可能出现图 2-1-1-2 所示的情况。如果结束事件④的菲涅耳反射率很低,OTDR 迹线中,结束事件④的下降台阶较快;如果菲涅耳反射率略强,OTDR 迹线中,结束事件④表现为一个突起小峰,小峰突起 1~3 dB;如果菲涅耳反射率介于两者之间,突起小峰的高度只有零点几 dB 的话,结束事件④表现为下降台阶展宽。因此,出现前两种情况时,都还算比较容易在 OTDR 迹线中找到结束事件④的真实起始位置 L_4;但出现第三种情况时,在 OTDR 迹线中找到结束事件④的位置会向后延伸,即此时找到的结束事件④的起始位置 L_4' 比真实起始位置 L_4 推后几十米甚至上百米。

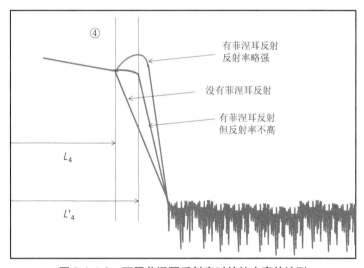

图 2-1-1-2　不同菲涅耳反射率时的结束事件波形

出现如图 2-1-1-2 所示的情况时,没有经验的测量操作人员容易产生错觉,觉得使用的 OTDR 测试精度差,获得的光纤链路长度测量结果飘浮不定。

其实,遇到此类情况时,可以改变一下测试所采用的参数,很容易就能解决问题。

出现如图 2-1-1-2 所示的情况时,可以将采用的测试脉宽参数值改小,如从 1 μs 改为 100 ns。当测试脉宽参数值变小后,菲涅耳反射峰的高度并没有变化多少,但后向散射光的电平变小了许多,原来不突出的菲涅耳反射峰变为较为明显的反射峰,如此一来就很容易准确找到结束事件的起始位置,测量结果也就准确了,如图 2-1-1-3 所示。

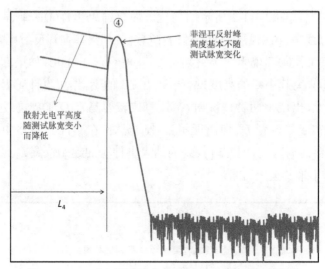

图 2-1-1-3 　减小测试脉宽参数值以突出菲涅耳反射峰

2.1.2 　链路衰减

光纤链路衰减的定义是整段光纤链路对光信号产生的总衰减,是光纤链路中各段光纤、各个光纤连接头对光信号产生的衰减之和。

从 OTDR 迹线上获得光纤链路上两点之间的衰减,通常采用两点法。两点法包括差值法和 LSA 法(最小二乘法)。

两点差值法直接计算 OTDR 迹线上两点的纵坐标差值,即获得两点之间的光纤衰减。

两点 LSA 法按最小二乘法计算 OTDR 迹线上两点间的线性趋势线,再计算线性趋势线两端点的纵坐标差值来获得两点之间的光纤衰减。

如果光纤链路中包含反射事件或者某个非反射事件的损耗较大,光纤链路衰减测量不能采用两点 LSA 法(最小二乘法),否则可能会得到错误的结果。如果光纤链路中没有反射事件,非反射事件的损耗也不是很大(实际工程中典型的情况),则可以采用两点 LSA 法来测量光纤链路衰减。

当对结果的精确要求不是很高,或者 OTDR 迹线的信噪比较高时,可采用如图 2-1-2-1 所示的简单方法:将 a 标杆移到起始事件①的后点(即紧靠起始事件①、起始事件①后面直线部分的点);将 b 标杆移到结束事件④的前点(即紧靠结束事件④、结束事件④前面直线部分的点),得到 a、b 标杆与 OTDR 迹线相交的点的纵坐标差值,即光纤链路衰减 A(单位为 dB)。

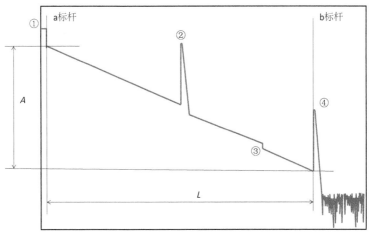

图 2-1-2-1　光纤链路衰减测量 1

采用如图 2-1-2-1 所示的测量方法时,当测试脉宽较大,a 标杆横坐标值 L_a 较大(即 a 标杆在 OTDR 迹线所处的点离原点较远),忽略了起始段长度为 L_a 的光纤的衰减,得到的光纤链路衰减会偏小。此时,可以采用如图 2-1-2-2 所示的方法,将紧接起始事件①后面的直线段延长与纵坐标轴相交,纵轴截距值减 b 标杆的纵坐标值,得到光纤链路衰减 A(单位为 dB)。

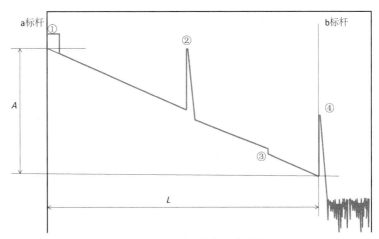

图 2-1-2-2　光纤链路衰减测量 2

在大多数 OTDR 中,既可以选择使用两点差值法,也可以选择使用两点 LSA 法来测量光纤链路衰减,操作人员选定 a、b 标杆后,OTDR 会给出 a、b 标杆间光纤链路衰减。

通常在仪表测量的测试结果列表中,会列出起始事件到结束事件之间的光纤链路衰减。

由于光纤链路可能由多段光纤组成,甚至是由不同厂商生产的光纤组成,这样形成的光纤链路在光学性能参数上有差异,例如各光纤段的后向散射系数存在差异,这导致在光纤链路中使用 OTDR 从不同方向进行链路衰减测量时,得到的测量结果有差异。因此,按中国国家标准规定,使用 OTDR 测量光纤链路衰减时,需要进行双向测量,对两次测量结果进行算术平均,得到的平均值才是最终测量结果。

2.1.3 链路平均衰减系数

光纤链路平均衰减系数 α 的定义是光纤链路衰减 A 除以光纤链路长度 L,单位为 dB/km。

按上述章节中所述方法,获得光纤链路长度 L 和光纤链路衰减 A 后,即可计算获得光纤链路平均衰减系数 $\alpha = A/L$。

和上一节中所叙述的使用 OTDR 测量光纤链路衰减的情况相同,按中国国家标准规定,使用 OTDR 测量光纤链路平均衰减系数时,需要进行双向测量,对两次测量结果进行算术平均,得到的平均值才是最终测量结果。

通常在仪表测量的测试结果列表中,会自动列出起始事件到结束事件之间的光纤链路平均衰减系数。目前的 OTDR 从光纤的一端进行测试,只给出了单方向的测量结果,需要操作人员将不同方向测得的结果自行计算平均值。

需要特别指出的是,在很多 OTDR 中,采用"光纤链路损耗"一词取代"光纤链路衰减",或者"光纤损耗"一词取代"光纤衰减";采用"光纤链路衰减"一词取代"光纤链路平均衰减系数",或者"光纤衰减"一词取代"光纤衰减系数"。这种做法完全不符合 ITU-T 标准定义,也不符合中国国家标准定义或邮电通信行业标准定义。将"光纤损耗"说成"光纤衰减",尚且说得过去,但绝对不能用"光纤衰减"替代"光纤衰减系数"。

2.1.4 链路回波损耗

光纤链路引起的反射会影响激光器的正常工作,也会引起接收机的干涉噪声,从而劣化通信系统的性能,特别是对于高速率通信系统。因此,在光纤通信网络中规范了光纤链路的回波损耗和离散反射值。例如,在 10 Gb/s 光接口规范中,要求光纤链路的回波损耗值大于 24 dB,离散反射值小于 −27 dB。

根据定义,以 dB 为单位时,回波损耗值为正值,反射值为负值,回波损耗值等于负的反射值。

光纤链路的回波损耗涉及光纤链路中的菲涅耳反射和后向散射,光纤链路的回波信号包含各个光纤段引起的后向散射信号及各个光纤连接器引起的菲涅耳反射信号,等效从光纤链路的起始端看入,整个光纤链路对连续光信号产生的反射信号。

光纤链路的离散反射值则只涉及光纤链路中的菲涅耳反射,即各个光纤连接器引起的菲涅耳反射信号,等效从光纤链路的起始端看入,整个光纤链路中各个光纤连接器对连续光信号产生的反射信号总和。

从光纤链路的不同端面看入,光纤链路中光纤连接器的位置通常是不同的,相对应的光纤段位置也不同,光纤连接器产生的反射信号经历的路径不同。因此,从光纤链路不同端面注入光信号,并在同一端面接收反射光信号,得到的反射光信号应不会相同。对应的,对同一光纤链路,在不同端面进行测量,获得的光纤链路回波损耗值、离散反射值的测量结果不相同。

按定义来说,测量光纤链路的回波损耗值时使用连续光信号作为输入信号,但可以将连续光信号看成由无数个窄的脉冲组成,在光纤链路的一个端面注入这个由无数个窄的脉冲组成的光信号,并在同一端面接收反射光信号,采用与第 1 章中相类似的分析方法,接收到的反射光信号功率 $P_R(t)$ 函数形式与在光纤端面注入光脉冲获得的后向散射和反射信号 $P(z)$ 函数形式相同。因此,可以使用 OTDR 来测量光纤链路的回波损耗值,虽然 OTDR 采用的是脉冲光信号而非连续光信号。

使用 OTDR 测量光纤链路的回波损耗值时,需要对获得的 OTDR 后向散射和反射信号 $P(t)$ 在未经对数变换之前进行求和,但通常情况下,在 OTDR 界面中给出的 OTDR 迹线是经过对数变换的。因此,测量操作人员不能通过 OTDR 迹线来求得光纤链路的回波损耗值,而是由 OTDR 在测量结果中给出光纤链路的回波损耗值。

虽然与测量光纤链路的回波损耗值情况类似,也可以通过 OTDR 反射信号 $P(t)$ 在未经对数变换之前进行求和计算,进而获得光纤链路的离散反射值,但通常情况下,OTDR 只给出测量光纤链路的回波损耗值,没有给出光纤链路的离散反射值,而是在光纤段测量结果中给出各个光纤连接器的反射值,用以衡量光纤链路中各个光纤连接器的连接质量。

2.2　事件参数

事件参数包含事件距离、损耗、回波损耗(反射率),大部分 OTDR 也在测量列表中给出事件参数的测量结果,测量操作人员可以通过 OTDR 迹线进行事件参数测量和计算。下面介绍测量操作人员如何通过 OTDR 迹线进行事件参数测量和计算。

2.2.1　事件距离

事件距离的物理含义是事件距离光纤链路起始端的光纤长度。

如图 2-2-1-1 所示,当测量反射事件②的事件距离 L_2 时,将 a 标杆移动至反射事件②的前点位置,a 标杆的 z 坐标值为 L_2。反射事件②的前点位于直线段末端、反射峰前端之处,为了使测量结果更准确,可以将反射事件②附近的 OTDR 迹线部分放大,移动 a 标杆时尽量与反射事件②的前点重合。

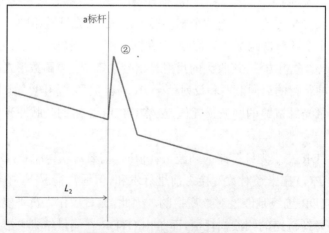

图 2-2-1-1　测量反射事件距离

如图 2-2-1-2 所示,当测量非反射事件③的事件距离 L_3 时,将 a 标杆移动至非反射事件③的前点位置,a 标杆的横坐标值为 L_3。非反射事件③的前点位于直线段末端、台阶下降沿(出现假"增益"时,为上升沿,图 2-2-1-2 中的情况为下降沿）前端之处。为了移动 a 标杆时尽量与非反射事件③的前点重合，可以将非反射事件③附近的 OTDR 迹线部分放大。

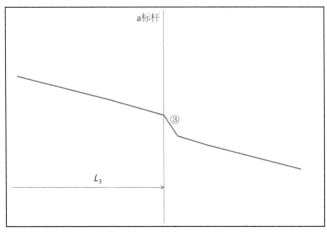

图 2-2-1-2　测量非反射事件距离

2.2.2　事件损耗

事件损耗的物理含义是事件产生的插入损耗。通常，反射事件损耗为光纤活动连接器、光纤固定连接器、光纤横向裂痕引起的插入损耗，非反射事件损耗为光纤熔接头、光纤弯曲处引起的插入损耗。

在 OTDR 迹线上测量事件损耗，通常采用五点法（也有称为四点法的），如果要求不高的话，可以直接采用两点差值法。

采用两点差值法测量事件损耗比较简单，直接将 a、b 标杆分别移动至事件的前点和后点，a、b 标杆的纵坐标差值即为事件损耗。事件的前点如前所述，反射事件的后点位于反射峰后相邻的直线段前端、反射峰末端之处；非反射事件的后点位于台阶下降沿（假"增益"情况时，为上升沿）末端、直线段前端之处。

采用五点法测量反射事件损耗，如图 2-2-2-1 所示，将 a、b 标杆分别移动至事件的前点 a 和后点 b，a′标杆（a 次标杆）从 a 点往左移一段距离到 a' 点，b′标杆（b 次标杆）从 b 点往右移一段距离到 b' 点。直线段 $a'a$ 为 OTDR 迹线上 a'、a 两点间的线性趋势线，直线段 bb' 为 OTDR 迹线上 b、b' 两点间的线性趋势线。直线段 bb' 延长线与 a 标杆相交于 c 点，a、c 两点的纵坐标的差值 A_2 为反射事件②的插入损耗。

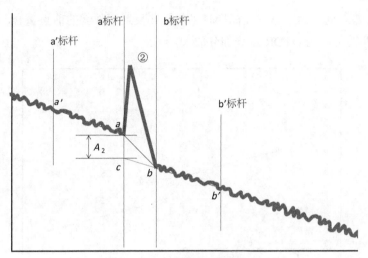

图 2-2-2-1　测量反射事件损耗

　　采用五点法测量非反射事件损耗，如图 2-2-2-2 所示，将 a、b 标杆分别移动至事件的前点 a 和后点 b，a'标杆（a 次标杆）从 a 点往左移一段距离到 a'点，b'标杆（b 次标杆）从 b 点往右移一段距离到 b'点。直线段 $a'a$ 为 OTDR 迹线上 a'、a 两点间的线性趋势线，直线段 bb' 为 OTDR 迹线上 b、b' 两点间的线性趋势线。直线段 bb' 延长线与 a 标杆相交于 c 点，a、c 两点的纵坐标的差值 A_3 为非反射事件③的插入损耗。

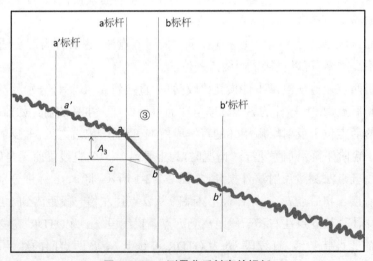

图 2-2-2-2　测量非反射事件损耗

2.2.3　事件回波损耗

事件回波损耗 RL 的物理含义是事件产生菲涅耳反射的高低,只对反射事件进行回波损耗测量。反射事件的回波损耗反映了光纤线路中光纤活动连接器、光纤固定连接器的连接质量。有时也用反射率 R 来衡量产生菲涅耳反射的高低,当单位为 dB 时,回波损耗与反射率的关系为 RL=-R。通常,回波损耗值大于 0,反射率值小于 0,例如 1 个未连接的 PC 型光纤活动连接器的端面反射率值可达 -15 dB,而连接状态良好时,反射率值则低于 -40 dB。回波损耗值越小,反射率越大,产生的菲涅耳反射信号越强。

在 OTDR 迹线上测量反射事件回波损耗,通常采用以反射事件前的后向散射电平为基准(对于光纤起始点,如果没有使用暗光纤,则需要使用光纤起始点后面的后向散射电平为基准),并测量反射峰高度,结合使用的测量脉冲宽度、光纤后向散射系数,计算出反射事件回波损耗值。

如图 2-2-3-1 所示,将 a 标杆移至反射事件②的前点 a 处,b 标杆移至反射事件②的反射峰最高处,获得 b、a 标杆纵坐标值之差 h(单位为 dB),反射事件回波损耗为

$$RL = -2h - S - 10\lg T$$

其中,S 为光纤的瑞利后向散射系数,单位为 dB/ns;T 为测量脉冲宽度,单位为 ns。

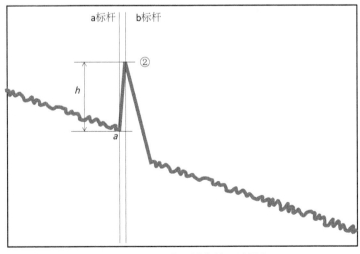

图 2-2-3-1　测量反射事件回波损耗

例如,当 $S = -82$ dB/ns、$T = 1\ 000$ ns、$h = 15$ dB 时,$RL = 82 - 2 \times 15 - 10 \times \lg 1\ 000 = 22$ dB。

2.3　光纤段参数测量

光纤段参数包含光纤段长度、光纤段衰减、光纤段衰减系数,大部分 OTDR 在测量列表中给出光纤段参数的测量结果,测量操作人员也可以通过 OTDR 迹线进行光纤段参数测量。下面介绍测量操作人员如何通过 OTDR 迹线进行光纤段参数测量和计算。

2.3.1　光纤段长度

光纤段的长度在物理上对应光纤链路中两个事件之间的光纤长度。

例如,对图 2-1-2-1 的光纤链路中的光纤段②—③进行光纤段长度测量,可以将 a、b 标杆分别移到事件②、③的前点,b、a 标杆的横坐标值之差即为光纤段②—③的长度 $L_{2\text{-}3}$。

将事件②、③处 OTDR 迹线放大后如图 2-3-1-1 所示,事件②的前点为反射峰的上升沿起点,事件③的前点为台阶下降沿的起点。

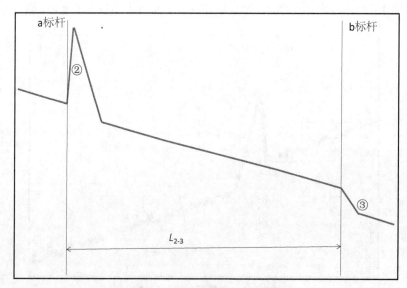

图 2-3-1-1　光纤段长度测量

2.3.2 光纤段衰减

光纤段衰减在物理上对应光纤链路中两个事件之间的光纤衰减,不包括这段光纤的前后两个事件的损耗在内。如图 2-1-2-1 所示的光纤段②—③,其光纤衰减为②—③光纤的衰减,不包括事件②、事件③的损耗。

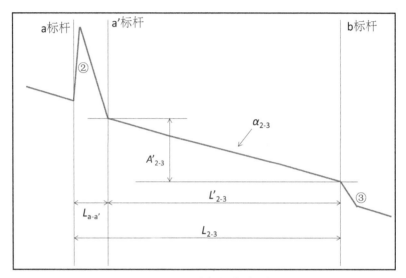

图 2-3-2-1 光纤段衰减测量

如图 2-3-2-1 所示,在 OTDR 迹线上测量光纤段②—③的光纤段衰减时,将 b 标杆移到事件③的前点(图中直线段的末端),a′标杆移到事件②的后点(图中直线段的前端),b 标杆的横坐标减 a′标杆的横坐标,直接得到 L'_{2-3};并按两点 LSA 法或两点差值法,得到 a′、b 标间的光纤衰减 A'_{2-3};然后再将 a 标杆移到事件②的前点,计算 a′、a 标杆间的横坐标变化值,即图中的 $L_{a-a'}$。

②—③的光纤段衰减 $A_{2-3} = A'_{2-3} + L_{a-a'} \cdot A'_{2-3} / L'_{2-3}$。

在光纤段内计算 a、b 标杆间的光纤衰减,采用两点 LSA 法要比采用两点差值法好一些,因为光纤段内不存在反射事件的话,采用两点 LSA 法可以减小噪声对测量的影响。

需要注意的是,如果光纤段内的光纤性质是均匀的,从不同方向测得的该段的光纤段衰减结果应该相同;否则,从不同方向测得的该段的光纤段衰减结果有差别,此时应该对从不同方向测得的结果进行算术平均,求得该段的光纤段衰减。目前的 OTDR 从光纤的一端进行测试,只给出了单方向的光纤段测量结果,需要操作人员对不同方向测得的结果自行计算。

2.3.3　光纤段衰减系数

光纤段衰减系数在物理上对应光纤链路中两个事件之间的光纤衰减系数,不包括这段光纤的前后两个事件的损耗在内。

按上面两节中介绍的方法获得光纤段长度、光纤段衰减后,将光纤段衰减除以光纤段长度就得到光纤段衰减系数,单位是 dB/km。

第 3 章　OTDR 的工作参数

光源、光功率计、光纤熔接机和 OTDR 是光缆网络的测量和维护工作中的基础测试仪器和工具，但相对光源、光功率计而言，OTDR 的操作要复杂得多。OTDR 就是一部"光纤激光雷达"，在不同的测试环境中，要求不同，遇到的技术挑战也不同。在长途干线光缆网络中，面对长达 100~200 km 中继距离的光缆线路，主要挑战是超长距离、高线路衰减；在光接入网络或机房中的设备互联网络中，光缆长度只有数千米，甚至在 100 m 以内，线路衰减可能不是主要面对的问题，但光纤连接器之间的距离可能只有区区几米，分辨不同"事件"点的能力则成为关键。

总之，为了应对不同的测试环境，可以通过操作人员选择、设置一组适合的工作参数，或者由 OTDR 控制器中的软件自动选定一组优化的工作参数。

OTDR 的工作参数分为两类：第一类工作参数是 OTDR 硬件的工作参数，这类工作参数主要涉及硬件状态，包括工作波长、光接口类型、光纤模式；第二类工作参数主要涉及软件计算、测量的工作参数，包括量程、测量时间、测量脉冲宽度、光纤折射率、后向散射系数、光纤测量阈值、光缆余长系数、测量模式。

OTDR 的一些工作参数需要测量操作人员根据测量环境情况在测试仪参数设置界面上直接进行选择，而另一些工作参数则是根据操作人员所选择的操作模式由测试仪的控制器自动选定。

为了更好地选择、设置 OTDR 的工作参数，在本章节中介绍 OTDR 不同工作参数的含义和在测试中起的作用。

3.1　工作波长

OTDR 的工作波长，顾名思义就是选择使用哪一个光波长进行 OTDR 测试。

一台 OTDR，少则有 1 个波长，多则有 4 个以上波长，其中 2 个波长（1 310 nm、1 550 nm）的情况最常见。例如，一台 OTDR 包含 4 个工作波长：1 310 nm、1 550 nm、1 650 nm、1 490 nm。

　　针对 X-WDM 光纤网络,有相对应波长的 OTDR。例如,D-WDM 波长可调谐的 OTDR,其波长在 1 520~1 590 nm 可以按 D-WDM 波长通路进行波长调谐,波长可调谐 OTDR 可用于对城域 D-WDM 光纤网络测试,可以穿透 D-WDM 光纤网络中的波分复用器件进行测试;C-WDM 波长的 OTDR,其波长在 1 271~1 611 nm,最多有 18 个波长,可以按 C-WDM 波长进行波长选择,C-WDM 波长的 OTDR 可用于 C-WDM 光纤网络测试,可以穿透 C-WDM 光纤网络中的波分复用器件进行测试。针对当前刚出现 5G 前传网路,除 C 波段波长可调谐 OTDR、C-WDM 波长 OTDR 外,还有 L-WDM 波长 OTDR(波长在 1 269~1 332 nm)以及 M-WDM 波长 OTDR(波长在 1 267~1 375 nm),最多有 12 个波长可供选择。

　　能够进行波长选择,必要条件是 OTDR 的硬件中包含一个以上波长的光发射机。通常情况下,当 OTDR 的硬件中包含一个以上波长的光发射机时,几个波长的信号通过波分复用器耦合或光开关送到一个公共光测试接口上,但这几个光发射机不是同时工作的,操作人员可以通过软件设置使用不同波长的光发射机进行 OTDR 测试,即使设置界面上可以同时选择几个工作波长,在测试时,OTDR 也是依次使用不同波长,分时进行测试,然后再将不同波长的测试结果汇总起来。

　　操作人员需要根据光纤的工作窗口选择 OTDR 的工作波长,以获得不同工作窗口下的光纤传输特性。例如,被测光纤用于传输 1 310 nm 光通信信号,那么应该选择使用 1 310 nm 波长进行测量,如果选择使用 1 550 nm 波长进行测量的话,获得的光纤链路衰减结果与实际光传输系统的情况不相符合。虽然光传输系统通常在 1 310 nm、1 550 nm 这两个窗口下工作,1 650 nm 波长所处的波段被称为测试波段,但有时会选择 1 650 nm 波长进行测试,虽然使用 1 650 nm 波长测试获得的测试结果与光传输系统工作波长下的光纤特性有偏差,但好处是可以进行在线式测量,在不中断或干扰光传输系统正常工作的情况下,获得对光纤线路工作状态的监测(如光纤线路性能是否劣化,甚至光纤线路是否被窃听)。

3.2　光接口类型

　　OTDR 的光接口类型通常是由硬件决定的,没有办法通过软件或设置进行选择,并且是在选择测试仪配件时进行选择。

光接口类型种类一般包含常见的光接口类型，如 FC-PC、FC-APC、SC-PC、SC-APC。

通过光接口，将 OTDR 连接至被测光纤。所以，被测光纤端接的光连接器类型应该与 OTDR 使用的光接口类型相匹配，否则需要用转接跳线进行转接。

在实际操作中，最容易出错的情况是不区分 PC 和 APC 连接器类型，导致在连接中将 PC 型连接器接至 APC 光接口，或者反过来。一旦出现这种情况，将在 OTDR 接口处产生很强的菲涅耳反射和较大的插入损耗，导致 OTDR 测试迹线出现较大劣化，极不利于获得正确的测试结果，需要尽量避免这种情况出现。

3.3　光纤模式

OTDR 测试仪的光纤模式由硬件决定，OTDR 的光纤模式有多模光纤和单模光纤两种，多模光纤模式的 OTDR 用于测试多模光纤，单模光纤模式的 OTDR 用于测试单模光纤，同一台 OTDR 可能包含两种光纤模式的硬件，可以通过软件和设置来选择测试仪工作于哪一部分硬件。

3.4　量程

OTDR 的量程取决于 OTDR 中测试光脉冲的发射周期。例如，测试光脉冲的发射周期为 1 ms 时，OTDR 的量程小于 100 km；发射周期为 4 ms 时，OTDR 的量程小于 400 km。

根据被测光纤的长度选择 OTDR 的量程。例如，被测光纤的长度大致为 60 km 时，建议选择 100 km 量程，选择 100 km 以上的量程也没有大问题，但如果选择的量程小于被测光纤的长度，则会出现问题，导致 OTDR 迹线错误。

需要注意的是，具有大量程的 OTDR 并不意味也具有大的测量动态范围。一台最大量程为 400 km 的 OTDR，最大动态范围为 35 dB 时，能够测量的光纤链路最大衰减不会超过 35 dB，相应的能够测量的光纤链路长度大概为 120 km。

3.5　测量时间

可以通过设置界面选择不同的测量时间。选择较长的测量时间可以获得较好的信噪比或较高的测量动态范围。与 15 s 的测量时间进行比较，选择 3 min

的测量时间,动态范围可获得大约 2.5 dB 的改善。

通常测量时间的范围为 1~180 s。

3.6　测量脉冲宽度

可以通过设置界面选择不同的测量脉冲宽度。选择较大的测量脉冲宽度可以获得较好的信噪比或较高的测量动态范围。

通常测量脉冲宽度的范围为 3 ns~20 μs。

虽然采用较大的测量脉冲宽度会获得较高的测量动态范围,但同时产生的测量盲区也较大。例如,10 ns 产生的事件盲区大概为 1 m,1 μs 产生的事件盲区增至 100 m 以上,而 20 μs 产生的事件盲区高达 2 km 以上。因此,必须综合被测光纤的具体情况来选择测量脉冲宽度,在保证一定的测量动态范围情况下,尽量选择较小的测量脉冲宽度,以获得较小的盲区。

通常,对于长度在 10 km 以内的被测光纤,选择 20 ns 左右测量脉冲宽度;对于长度在 20~30 km 以内的被测光纤,选择 100 ns 左右测量脉冲宽度;对于长度在 50~60 km 以内的被测光纤,选择 300 ns 左右测量脉冲宽度;对于长度在 80 km 以上的被测光纤,选择 1 μs 左右测量脉冲宽度。很少会选择 5 μs 以上的测量脉冲宽度用于测量光纤链路,因为此测量脉冲宽度下产生的事件盲区太大,除非只是出于观察长线路是否出现线路中断的目的。

3.7　光纤折射率

确切地说,光纤折射率 n 是光纤有效群折射率的简称。可以通过设置界面选择不同的光纤折射率用于测量。OTDR 中的软件在进行光纤长度计算时,使用设置所给的光纤折射率值。一般的 OTDR 给出的光纤折射率选择范围为 1.000 ~ 2.000 。

一些 OTDR 可以按光纤段设置光纤折射率,虽然比较麻烦,但更接近光纤的实际应用情况,特别是光纤链路由不同厂商、不同类型的光纤组成时。

光纤折射率一般由光纤生产厂商给出。通常情况下,不同厂商所生产的光纤的折射率略有差别,见表 3.7.1。

表 3.7.1　一些生产厂商给出的光纤折射率

康宁公司 SMF-28 光纤		长飞低水峰单模光纤		长飞超低损耗单模光纤		烽火通信单模光纤	
1 310 nm	1 550 nm	1 310 nm	1 550 nm	1 310 nm	1 550 nm	1 310 nm	1 550 nm
1.467 6	1.468 2	1.466	1.467	1.463	1.464	1.468 3	1.468 8

从表 3.7.1 中还可以看出,对于同一光纤,在不同波长下,光纤折射率略有不同,因此设置光纤折射率时,要分别设置不同波长的光纤折射率。

光信号在光纤中传输时,传输距离 L、传输速度 v、传输时间 t 三者之间关系为 $L=vt$。由于 $v=c/n$,所以 $L=ct/n$。因此可以看出,对于同样一根光纤,使用 OTDR 进行光纤长度测试,如果设置的光纤折射率 n 与被测光纤的真实折射率偏差较大,获得的光纤长度测量结果也会存在较大误差。

以测量一根长度 50.000 km 的康宁公司单模光纤为例,设置的光纤折射率为 1.468 2,使用 1 550 nm 波长测试,获得的光纤长度测量结果为 50.000 km;使用 1 310 nm 波长测试,获得的光纤长度测量结果为 50.020 km,比真实结果大了 20 m。

考虑到在很多情况下,测量操作人员不易获得被测光纤的真实折射率,OTDR 中有光纤折射率缺省值,但不同生产厂商的 OTDR,其光纤折射率缺省值会有差别,因此进行 OTDR 测量操作时要注意这一点,否则使用不同生产厂商的 OTDR 测量同一光纤,长度测量结果的差别可高达 0.1%。

其实,使用不同生产厂商的 OTDR 进行光纤长度测量,假设使用的光纤折射率相同,结果差别通常在 1~2 m 以内。

使用 OTDR 进行光纤长度测量,要想获得准确的结果,正确设置光纤折射率是必不可少的。通常根据光纤光缆生产厂商给出的光纤折射率值进行 OTDR 光纤折射率设置,但也需要注意,该光纤折射率值只是室温状态下的,如果光纤光缆所处环境温度严重偏离室温,测量结果也会有偏差。考虑光纤的热光效应,光纤折射率相对变化值大约为 $8 \times 10^{-6}/℃$,简单、直观地说,测量一根长度 50.000 km 的单模光纤,−15 ℃ 环境温度下的测量结果比 25 ℃ 环境温度下的测量结果多了 16 m。

3.8 后向散射系数

通过设置界面选择不同的后向散射系数用于 OTDR 测量。OTDR 中的软件在进行反射事件回波损耗和光纤链路回波损耗计算时,需要使用到设置所给的光纤后向散射系数。

光纤后向散射系数跟波长、光纤类型有关。对于多模光纤,在 850 nm 窗口,光纤后向散射系数的范围为 -65 ～ -60 dB/ns;在 1 300 nm 窗口,光纤后向散射系数的范围为 -72 ～ -67 dB/ns。对于单模光纤,在 1 310 nm,光纤后向散射系数的范围为 -80 ～ -75 dB/ns;在 1 550 nm 窗口,光纤后向散射系数的范围为 -85～ -80 dB/ns。

光纤后向散射系数一般由光纤生产厂商给出。通常情况下,不同生产厂商所生产的光纤的折射率略有差别。如果从光纤生产厂商所提供的光纤参数中查不到光纤后向散射系数,也可以使用 OTDR 中的缺省值。由于光纤后向散射系数只影响回波损耗值的测量计算,并且 OTDR 对反射事件回波损耗和光纤链路回波损耗的测量精度不是很高(±2 dB),所以在大部分情况下,可以使用 OTDR 中的缺省值。

3.9 光纤测量阈值

通过设置界面选择不同的光纤测量阈值用于 OTDR 测量。光纤测量阈值包括非反射事件阈值(或熔接损耗阈值)、反射事件阈值(或回波损耗阈值)和光纤结束阈值。

非反射事件阈值用于 OTDR 测量软件判断非反射事件,当非反射事件插入损耗(绝对值)低于设置的熔接损耗阈值时,则认为不存在非反射事件。这样做的目的在于避免 OTDR 迹线上存在的噪声干扰软件分析,得出错误结果,将噪声认为是非反射事件。通常,非反射事件阈值设置范围为 0.02~1.0 dB。

反射事件阈值用于 OTDR 测量软件分析反射事件,当反射事件的回波损耗高于设置的回波损耗阈值时,则认为不是反射事件。这样做的目的在于避免 OTDR 迹线上存在的噪声干扰软件分析,得出错误结果,将噪声认为是反射事件。不同生产厂商使用的反射事件阈值称呼有可能不同,因此要注意是使用回波损耗阈值还是反射率阈值。使用回波损耗阈值时,反射事件阈值设置范围为

40~65 dB。

光纤结束阈值用于 OTDR 测量软件判断结束事件,对高度低于光纤结束阈值的 OTDR 迹线数据不进行分析,避免因为噪声得出错误的结果。通常,光纤结束阈值设置范围为 3~6 dB。

在不同生产厂商的 OTDR 中,所取的光纤测量阈值的缺省值常常不同。

3.10　光缆余长系数

通过设置界面选择光缆余长系数用于 OTDR 测量。

通过 OTDR 测量得到的光纤链路长度或光纤段长度是光纤的光学长度,简单来说就是光纤长度,但光缆网络中所用的是光缆不是光纤,光缆长度 l 和光纤长度 L 有所不同,光纤长度 L 大于光缆长度 l,通常 $l = kL$,其中 k 被称为光缆余长系数,通常光缆余长系数 k 在 0.95~1.0。

OTDR 软件通过给出的光缆余长系数和测试获得的光纤长度,在测量结果中直接给出光缆长度。但在实际测量中,人们多年来已经比较习惯于 OTDR 给出的结果为光纤长度,所以很大一部分 OTDR 中没有光缆余长系数这一项的设置。

3.11　测量模式

通过设置不同的测量模式,可以使操作人员有更多选择方式,提高工作效率。

测量模式有人工模式、自动模式,其中人工模式又分实时模式和非实时模式(有时也称为平均模式)。

采用自动模式时,OTDR 通常会首先发出试探测试脉冲,初步估计出被测光纤链路的长度,然后根据估算出来的光纤链路长度,通过软件的预先设计,优选一组 OTDR 测量参数用于测量。对于不是很熟悉 OTDR 或者不是很熟悉光纤链路的情况,采用自动模式可以在一定程度上避免需要熟悉具体的 OTDR 设置操作,能够尽快进入测量状态。但光纤链路状态是多种多样的,在一些特殊状态下,很有可能软件选择的测量参数不一定适用,此时可能需要人工修改某些工作参数才能让 OTDR 测试有较好的结果,此时需要采用人工模式。

其中一个例子可以作为说明:一根长度 50 km 的光纤线路,大部分光纤段长度为 2 km,先使用自动模式进行测量(主要测试参数:测量波长 1 310 nm 和 1 550 nm、测量脉宽 320 nm、测量时间 15 s),测量后发现在 1 550 nm 的 OTDR 迹线有些异常,其中一个熔接点损耗偏大(0.3 dB),在 OTDR 迹线上,该熔接点 形成的台阶宽度比其他熔接点形成的台阶要宽一些,因此怀疑该熔接点附近可 能存在问题,重新采用测量波长 1 550 nm、测量脉宽 80 nm、测量时间 180 s 参数 进行测量,发现出现可疑情况的熔接点台阶实际上由两个台阶组成,并且使用 1 310 nm 波长测试时,没有以上异常情况,根据这种情况,可以初步判断在该熔 接点附近存在光纤受弯曲的状态(或光纤受压迫的情况)。这是因为使用自动 模式进行测量时,使用的测量脉宽为 320 nm,在 OTDR 迹线上,光纤熔接点损耗 形成的台阶和光纤受弯曲点形成的台阶相距较近,两个台阶合成了一个台阶, OTDR 软件分辨不出是两个事件,认为是一个较高损耗的事件;将测量脉宽改变 为 80 nm 后,在 OTDR 迹线上就可以分辨出是两个事件,再加上在 1 310 nm 测 量时,OTDR 迹线上没有出现较高损耗的台阶,这说明较高损耗的台阶是由于弯 曲引起的。因此,综合分析得出初步判断:熔接点附近存在光纤受弯曲的状态 (或光纤受压迫的情况)。

采用人工模式时,有时可以采用实时模式。采用实时模式可以连续观测被 测光纤状态是否在改变中。这种测量模式常用于观测光纤的对准,或用于光纤 识别。

观测光纤的对准情况用于光纤熔接机的准直过程,但这几年来光纤熔接机 普遍采用视频自动对准,很少再采用 OTDR 实时模式观测光纤的对准。

OTDR 实时模式用于观测光纤损耗或端面反射的变化,可以用于光缆中的 光纤识别。具体来说,可以使用 OTDR 实时模式观测光纤末端面产生的反射强 度(OTDR 迹线上反射峰的高度),并弯曲光缆中的光纤,如果被弯曲的光纤是 OTDR 所连接的光纤,那么 OTDR 迹线上反射峰的高度会随弯曲动作而发生相 应变化,以此识别被弯曲的光纤是不是 OTDR 所连接的光纤。使用实时模式 时,每隔 1 s 左右更新一次 OTDR 迹线。

第4章 OTDR 的主要指标

OTDR 被用于光纤光缆传输特性的测量,衡量 OTDR 的测量性能,除在第 1 章中曾经提及的"事件盲区"和"衰减盲区"外,OTDR 的主要指标还包含工作波长、动态范围、盲区、测量线性度、显示分辨率、距离分辨率、距离不确定性、回波损耗测量误差、测量范围。这些指标可从不同方面衡量一台 OTDR 的测量性能,下面分别对这些指标的定义、作用、典型值进行介绍。

4.1 工作波长

顾名思义,工作波长就是 OTDR 能够工作的那个光波长、波段。

目前情况下,光纤的工作波长范围为 800 ~1 700 nm,OTDR 的工作波长对应也在这个范围内,常见的有 850 nm、1 310 nm、1 550 nm 和 1 625 nm 四个波段。

850 nm 和 1 310 nm(一般称为 1 300 nm)两个波段用于测量多模光纤,1 310 nm、1 550 nm 和 1 625 nm 三个波段用于测量单模光纤。1 625 nm 波段还常用于在线测量,因为光通信系统的工作波段为 1 310 nm、1 550 nm,1 625 nm 波段属于测试波段。

由于近几年以来,在 PON 网路中广泛采用 1 490 nm 作为下传信号通路的工作波长,所以在 1 550 nm 窗口波段也有 1 490 nm 工作波长的 OTDR。

通常情况下,OTDR 采用 FP -LD 类型的光源,FP-LD 为多纵模激光器,均方根谱宽在 1~10 nm,中心波长随温度的变化有一定范围的变化,所以 OTDR 的工作波长常表示为 850±20 nm、1 310±20 nm、1 550±20 nm、1 625±20 nm,"±20 nm"的表示方式表明了中心波长的变化范围。

和其他工作指标不同,由于不能在 OTDR 的迹线上测量出工作波长,通常使用光谱仪来测量 OTDR 的工作波长。使用光谱仪测量 OTDR 的工作波长时,最好将 OTDR 的工作模式设置成实时模式,让 OTDR 不间断地发射光脉冲,在 OTDR 的光接口用光纤跳线连接至光谱仪的光输入接口。如果 OTDR 使用的激光器为 F-P 类型,将光谱仪设置成 F-P 类型激光器测试模式,光谱仪测试结果直接给出中心波长值和均方根谱宽值;如果 OTDR 使用的激光器为 DFB 类型,将光谱仪设置成 DFB 类型激光器测试模式,光谱仪测试结果直接给出中心波长值和 −20 dB 谱宽值。

一台 OTDR 的工作波长可能只有一个,也可能有多个。具有多个工作波长的 OTDR 在进行测试操作时,通常是分时进行不同波长的测量操作,即使在工作参数设置中同时选择数个工作波长,在测试时 OTDR 也只是按逐个波长依次进行测试,然后将测试结果一起显示而已。

在较为特殊的要求下,例如 DWDM 城域网中要求 OTDR 信号能够穿透 DWDM 网络中的波分无源器件,即 OTDR 具有波长可调谐功能,此时 OTDR 的工作波长在 1 520 ~ 1 590 nm 可调谐,而且 −20 dB 谱宽值小于 1 nm。

另外,随着 5G 前传网络中使用不同方案的无源波分网络,包括 C-WDM、L-WDM、M-WDM,为了能够更好地测试这些无源波分网络,要求 OTDR 信号能够穿透这些波分网络中的波分无源器件,以便能够测试各个光纤支路,含 4~12 个工作波长的多波长 OTDR 也会不断出现。

多波长 OTDR 和波长可调谐 OTDR 在硬件上是有差别的。波长可调谐 OTDR 中的激光器只有 1~2 个,但可含多达 100 多个工作波长;但含 4~12 个工作波长的多波长 OTDR 含有 4~12 个激光器,并且这些激光器是固定波长的。波长可调谐 OTDR 工作时,需要将工作波长调谐到设置选择的波长,然后再进行 OTDR 测量;多波长 OTDR 工作时,需要根据设置选择相应波长的激光器进行工作,然后再进行 OTDR 测量。

4.2　动态范围

动态范围是表示从 OTDR 端口的后向散射功率电平降到特定噪声电平的电平差值(单位为 dB),是 OTDR 所能分析的最大光损耗,用于衡量 OTDR 进行测量时能够达到的最大光纤衰减。

通常情况下,有两类 OTDR 动态范围:OTDR 后向散射光动态范围和菲涅耳反射光动态范围。

后向散射光动态范围是 OTDR 通过后向散射光所能分析的最大光损耗,而菲涅耳反射光动态范围是 OTDR 通过菲涅耳反射光所能分析的最大光损耗。简单来说,前者是反映能"看见多远"非反射事件的能力,后者是反映能"看见多远"反射事件(−14 dB 反射率)的能力。

根据国内邮电通信行业标准,单程菲涅耳反射光动态范围的定义是从后向散射开始点的功率电平(线性迹线外推延伸与纵轴交叉点)到可探测光纤远端菲涅耳反射点的以 dB 表示的单程范围。菲涅耳反射信号的峰值应该高出背景噪声峰值 ΔH,通常 ΔH 取 0.2~1 dB。

图 4-2-1 直观地表示了 OTDR 迹线上测量和计算菲涅耳反射光动态范围。

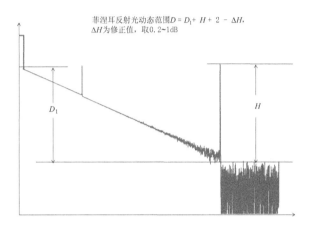

菲涅耳反射光动态范围 $D = D_1 + H + 2 - \Delta H$,
ΔH 为修正值,取 0.2~1dB

图 4-2-1 菲涅耳反射光动态范围

根据国内邮电通信行业标准,对于单程后向散射光动态范围,有以下两种定义。

(1)SNR=1 的动态范围:从后向散射开始点的功率电平(线性迹线外推延伸与纵轴交叉点)到 SNR=1 的背景噪声电平以 dB 表示的单程差值。

(2)98% 噪声点的动态范围:从后向散射开始点的功率电平(线性迹线外推延伸与纵轴交叉点)到 98% 背景噪声电平以 dB 表示的单程差值。98% 背景噪声数据点应该在这个背景噪声电平以下。这也是最早由 Bellcore 提出的 OTDR 单程后向散射光动态范围定义。

操作人员能较容易、直观地从 OTDR 迹线上获得 98% 背景噪声电平(差不多就是背景噪声峰值电平),因此比较容易在 OTDR 迹线上测量 98% 噪声点的动态范围;在 OTDR 内部控制器计算 OTDR 迹线时,则比较容易通过背景噪声数据获得 SNR=1 的噪声电平,但操作人员不容易从 OTDR 迹线上直接获得 SNR=1 的背景噪声电平,因此操作人员通常是通过 OTDR 迹线测量 98% 噪声点的动态范围来获得 SNR=1 的动态范围。

图 4-2-2 直观地表示了两种不同定义下的 OTDR 后向散射光动态范围。SNR=1 的动态范围数值较 98% 噪声点的动态范围数值高约 2 dB。

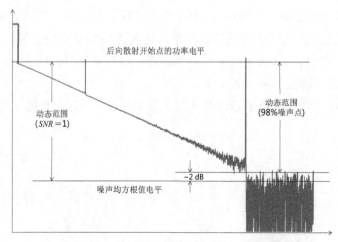

后向散射开始点的功率电平

动态范围
($SNR=1$)

动态范围
(98%噪声点)

~2 dB

噪声均方根值电平

图 4-2-2   不同定义的后向散射光动态范围

与测量 $SNR=1$ 的动态范围相比较,虽然测量 98% 噪声点的动态范围容易一些,但还是不够方便,毕竟操作人员也不容易较正确地判断 98% 噪声点电平在什么位置。操作人员在显示屏上比较容易判断出噪声区域内的噪声最高点电平,因此在动态范围测量中,通常是通过噪声区域内的噪声最高点电平,得到峰值噪声点的动态范围,然后再求出 $SNR=1$ 的动态范围。根据经验,在数值上,$SNR=1$ 的动态范围大约比峰值噪声点的动态范围高 3 dB。

在通常情况下,菲涅耳反射光功率比后向散射光功率高几十 dB,菲涅耳反射光动态范围远大于后向散射光动态范围,并且一般更关心光纤的衰减特性,因此在 OTDR 中很少提及菲涅耳反射光动态范围。

目前,业内普遍习惯于采用 $SNR=1$ 的后向散射光动态范围定义,除非专门说明,通常所说的 OTDR 动态范围指的就是 $SNR=1$ 的后向散射光动态范围。

就普遍情况而言,OTDR 的动态范围跟测试脉宽、测量时间、工作波长、测量范围有关,甚至环境温度变化时,OTDR 动态范围也有一定幅度的波动。对于同一台 OTDR,使用的测试脉宽越宽,OTDR 的测量动态范围越高;测量时间越长,OTDR 的测量动态范围越高。通常情况下,1 310 nm 工作波长下的 OTDR 的测量动态范围高于 1 550 nm、1 625 nm 工作波长下的 OTDR 的测量动态范围,这是因为短波长的瑞利散射信号大于长波长的瑞利散射信号。

可以从 OTDR 迹线上测量 OTDR 动态范围。测量 OTDR 动态范围时,先按预定要求设置测试脉宽、工作波长、测量时间、测量范围,然后获取 OTDR 迹线。在 OTDR 迹线上,将 b 标杆移到噪声区域中噪声峰值处,a 标杆移到起始事件的后点（紧靠线性段的点），获得 a、b 标杆的纵坐标差值 ΔA；如果 a 标杆的横坐标值小于 0.5 km，OTDR 动态范围 D 近似等于（$\Delta A+3$）；如果 a 标杆的横坐标值 L_a 较大，OTDR 动态范围 $D = \Delta A + 3 + \alpha L_a$，其中 L_a 单位为 km，α 为线性段的斜率绝对值（单位为 dB/km），当工作波长为 1 310 nm、1 550 nm、1 625 nm 时，α 近似取值分别为 0.35、0.2、0.25。

在目前商用水平下，OTDR 生产厂商给出的最大 OTDR 动态范围可高达 50 dB。但需要指出的是，最大 OTDR 动态范围指 3 min 测量时间、最大测试脉冲宽度（一般为 20 μs）情况下得到的 OTDR 动态范围值。在大部分情况下，不能直接将该值用于估算 OTDR 实际能够测量光纤线路的最大长度。

例如，一台标称 1 550 nm 窗口最大动态范围为 45 dB 的 OTDR，按光纤在 1 550 nm 窗口 0.2 dB/km 的平均衰减系数来估算 OTDR 能够获得的最大光纤测试长度 L_{max}，如果认为 L_{max}=225 km（即 45 除以 0.2），那就大错特错了。实际上，光缆线路是由多段光缆连接而成的，每段光缆长度采用 2 km 的标准长度，意味着光纤熔接点之间的距离只有 2 km，在这种情况下采用 20 μs 的测试脉冲宽度来测量光缆线路，产生的测量盲区大于 2 km，显然是不合适的。根据工作经验，在这种情况下，采用的测试脉冲宽度应该小于 2 μs 才合适，此时获得的动态范围大约只有 35 dB，同时考虑到需要扣除 8~10 dB 的测量余量，以保证有足够的信噪比来测量光纤熔接头的损耗（即能够分辨 0.05~0.1 dB 损耗的接头损耗），则能够用的光纤衰减范围只有 25~27 dB，考虑光纤 0.2 dB/km 的衰减和 0.05 dB/km 的平均连接损耗，从单方向能够进行测量的光缆线路长度也就在 120 km 以内。

实际上，在不同的测试脉宽情况下，OTDR 的动态范围是不同的。

从式（1-2-2-3）中可以看出，接收到的后向散射光信号功率与测试光脉宽 T 成正比，当测试光脉宽从 T 减小为原来脉宽的 50% 时，换算成 OTDR 的测量动态范围的话，动态范围减小了 1.5 dB。实践上，当测试光脉宽减小时，信号带宽增加，要求光接收机带宽相应地增加，随之而来的结果是电路噪声增加。因此，测试光脉宽减小 50% 时，动态范围通常减小 2~2.5 dB。

但总体来说，最大动态范围较高的 OTDR，其他脉宽下的动态范围也会相应较高。有些 OTDR 厂商在产品说明中给出了不同测量脉宽下的动态范围。可以根据 OTDR 厂商给出的不同测量脉宽下的动态范围，结合具体使用环境情况来选择 OTDR 产品。

OTDR 动态范围通常在 5~50 dB。

例如，考虑在本地光纤网中使用 OTDR 时，由于本地光纤网中的光纤线路长度大都不是很长,通常光纤长度在 20~50 km 范围,甚至只有几百米,这时使用的测试脉宽通常小于 500 ns,因此更需要关注的是 1 μs 以下测试脉宽的动态范围。

4.3 盲区

在第 1 章介绍 OTDR 原理时,曾经简单提及"事件盲区"和"衰减盲区",这是衡量 OTDR 分辨事件能力的两个重要指标。

4.3.1 事件盲区

"事件盲区"的定义:对于一个给定的反射回损,反射信号迹线上低于反射峰值点 1.5 dB 两点间的显示距离。"事件盲区"的物理含义:在小于"事件盲区"的范围内,不能够区分出两"事件"。

如图 4-3-1-1 所示,对一个给定回波损耗的反射事件(典型给定的回波损耗值为 45 dB),可在 OTDR 迹线上测量事件盲区:在反射峰上寻找比峰值低 1.5 dB 的两个点,这两个点之间的距离即为 OTDR 的事件盲区。

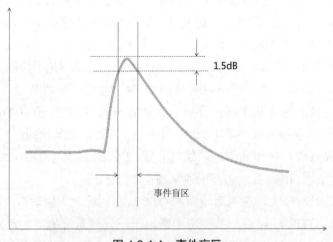

图 4-3-1-1 事件盲区

可以在 OTDR 迹线上简单测量事件盲区。测量事件盲区时,需要在被测光纤链路中人为地制造一个给定回波损耗的反射点,如使用一个 3∶95 的 1×2 光分路器,光分路器的 3% 分路端为平整端面(如 FC 连接器的端面),光分路器的输入端、93% 分路端分别接入光纤链路中,就可以在光纤链路形成一个回波损耗为 45 dB 的反射点,然后对该光纤链路进行测量,获得 OTDR 迹线。先将 a 标杆移至 OTDR 迹线中反射峰的顶部,读取 a 标杆的纵坐标值 A_a,再将 a、b 标杆分别移到反射峰的顶部两侧、纵坐标值为 $(A_a-1.5)$ 的位置,计算 b、a 标杆的横坐标差值,即得到事件盲区值。

通常情况下,给定的回波损耗值越小,反射峰会越高,反射信号会越强,放大电路的恢复时间越长,造成更宽的反射峰,事件盲区越大;测量脉宽对事件盲区影响也较大,较宽的测量脉宽产生较大的事件盲区。

事件盲区一定是由反射事件造成的,事件盲区是能够分辨出两个反射事件的最小距离。OTDR 给出的事件盲区通常指的是最小事件盲区,是在使用最小测量脉宽情况下获得的。使用不同测量脉宽进行测试时,OTDR 事件盲区的范围在 0.5 m~3 km。使用 5~10 ns 的测量脉宽,可以获得 1 m 左右的事件盲区;使用 20 µs 的测量脉宽,事件盲区则会高达 2 km 以上。使用较宽的测量脉宽进行测量时,可能分辨不出间隔很近的两个反射事件;但换成使用较小的测量脉宽进行测量,则有可能较容易地分辨这两个反射事件。

如图 4-3-1-2 所示,显示了不同测量脉宽下对两个事件的分辨情况。使用 40 ns、80 ns、160 ns 测量脉宽时,都可以分辨存在两个反射事件,但使用 40 ns 测量脉宽时,分辨能力最强;使用 160 ns 测量脉宽时,仅勉强能够分辨出有两个反射事件;使用 320 ns 测量脉宽时,则没有办法分辨出有两个反射事件。

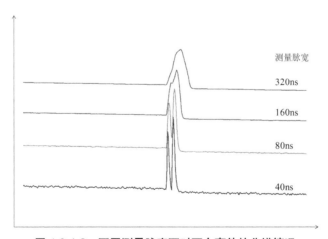

图 4-3-1-2　不同测量脉宽下对两个事件的分辨情况

测量事件盲区给定的回波损耗值一般大于 45 dB,此时放大电路尚处于线性放大状态,使用几十纳秒的测量脉宽,反射事件产生的事件盲区通常在几米左右;但如果反射事件的回波损耗较低,达到 15~20dB 时,放大电路就会处于饱和状态,形成的事件盲区会大大增加,会从几米剧增至几十米。

4.3.2　衰减盲区

"衰减盲区"的定义:从反射起点到信号回归到线性后向散射迹线的给定允许错误带的最小距离。给定允许错误带通常取值范围为 0.1~0.5 dB,典型取值为 0.5 dB。

如图 4-3-2-1 所示,对一个给定回波损耗的反射事件(典型给定的回波损耗值为 45 dB),可以在 OTDR 迹线上测量 0.5 dB 的衰减盲区:在 OTDR 迹线上找出反射事件后完全恢复成线性的部分,将这部分线性向前延伸,并将该线性段向上平移 0.5 dB,形成图 4-3-2-1 中的两条虚线,找出上面一条虚线与 OTDR 迹线相交的点,该点与反射事件前点的距离即为衰减盲区。

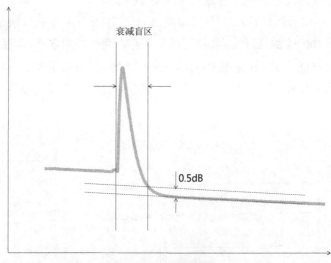

图 4-3-2-1　衰减盲区

可以在 OTDR 迹线上简单测量衰减盲区。测量衰减盲区时,需要在被测光纤链路中人为地制造一个给定回波损耗的反射点,如使用一个 3:95 的 1×2 光分路器,光分路器的 3% 分路端为平整端面(如 FC 连接器的端面),光分路器的输入端、93% 分路端分别接入光纤链路中,就可以在光纤链路形成一个回波损耗为 45 dB 的反射点,然后对该光纤链路进行测量,获得 OTDR 迹线。先将 a 标杆移至 OTDR 迹线中反射峰的前点,再将 b 标杆移到反射峰后面的线性段起始点,读取 b 标杆的纵坐标值 A_b,将 b 标杆前移到纵坐标值为 $(A_b-0.5)$ 的位置,计算 b、a 标杆的横坐标差值,即得到衰减盲区值。

衰减盲区是能够分辨出下一个非反射事件的距离,如分辨两个熔接点的距离。衰减盲区可能是由反射事件造成的,但也可能是由非反射事件造成的。通常情况下,由反射事件造成的衰减盲区比由非反射事件造成的衰减盲区要大。

OTDR 给出的衰减盲区通常指的是最小衰减盲区。使用不同测量脉宽进行测试时,OTDR 衰减盲区的范围在 2 m~3 km。使用 5~10 ns 的测量脉宽,可以获得 4 m 左右的衰减盲区;使用 20 μs 的测量脉宽,衰减盲区则会高达 2 km 以上。使用较宽的测量脉宽进行测量时,可能分辨不出间隔很近的两个非反射事件;但换成使用较小的测量脉宽进行测量,则有可能较容易地分辨这两个非反射事件。例如,光纤熔接头的距离为 2 km 左右时,使用 1 μs 的测量脉宽去测量,产生的衰减盲区只有 150 m 左右,可以较好地进行测量;如果使用 10~20 μs 的测量脉宽,则产生的衰减盲区太大,无法分辨两个光纤熔接头,更不用说测量每个光纤熔接头的损耗了。这就是为什么测量光纤链路时,即使光纤链路长达 100 km,OTDR 动态范围有限,测量人员宁愿选择 1 μs 左右的测量脉宽(获得的 OTDR 动态范围会比较小),也不会选择使用 10~20 μs 的测量脉宽(可以获得的 OTDR 动态范围比较高)去测量光纤链路的原因。

和事件盲区的情况类似,给定的回波损耗值越小,反射峰越高,反射信号会越强,放大电路从大信号恢复到小信号的时间越长,会造成更大的衰减盲区;同样,测量脉宽对事件盲区影响也较大,较宽的测量脉宽会产生较大的衰减盲区。

测量衰减盲区给定的回波损耗值一般大于 45 dB,此时放大电路尚处于线性放大状态,使用 10 ns 的测量脉宽,反射事件产生的衰减盲区通常在 3~10 m,但如果反射事件的回波损耗较低,达到 20~15 dB 时,放大电路就会处于饱和状态,形成的衰减盲区会大大增加,会剧增至几十米甚至上百米。

非反射事件同样会引起衰减盲区,只是与反射事件引起的衰减盲区相比,前者要小得多。但在一些特别情况下,具有 5 dB 以上插入损耗的非反射事件,引起的衰减盲区也较大。例如,光纤 PON 网络中 1×32 分路器,插入损耗高达 15 dB 以上,即便使用的测量脉宽只有 100 ns,引起的衰减盲区也可能达到 100 m。

由于有衰减盲区的存在,在测量活动连接器后面 100 m 左右长度的短光纤的衰减和衰减系数时,很难得到准确的结果。可以想象,当衰减盲区引起

0.05 dB 的衰减误差时,衰减系数误差高达 0.5 dB/km 以上。

需要指出,测量最小事件盲区和最小衰减盲区不需要使用相同的测量脉宽,例如可以使用 3 ns 的测量脉宽进行最小事件盲区测量,而使用 20 ns 的测量脉宽进行最小衰减盲区测量。因为如果使用 3 ns 的测量脉宽进行最小衰减盲区测量,则可能出现因为噪声电平高而无法进行的情况,此时可以使用较宽的测量脉宽(如 20 ns)去测量最小衰减盲区。

4.4　测量线性度

OTDR 的测量线性度也称为衰减刻度不确定度、衰减测量不确定度、衰减测量精度,单位为 dB/dB。

简单或直观来说,将衰减值为 1 dB 的一段光纤段放在光纤链路中不同位置,然后进行测试,获得的结果的最大偏差值就是 OTDR 的测量线性度。也可以简单理解为对一根均匀的光纤进行测试,理想状态下获得的 OTDR 迹线应该是一条斜率固定的直线段,但实际状态下,获得的 OTDR 迹线不是一条直线段,而是围绕直线有一定幅度波动的曲线。

OTDR 的测量线性度可以衡量测量光纤衰减时存在的偏差或误差严重程度。

对 OTDR 的测量线性度要求为小于 0.05 dB/dB。

可以通过 OTDR 迹线进行简单的 OTDR 的测量线性度测量。在进行 OTDR 的测量线性度测量时,需要选取一段 20~50 km、中间没有连接头或熔接头的光纤;然后获取 OTDR 迹线,并在 OTDR 迹线的线性段使用 LSA 法(最小二乘法)测量 a、b 标杆间光纤段的衰减值,调整 a、b 标杆间的距离,使 a、b 标杆间光纤段的衰减值为 1 dB,然后固定 a、b 标杆的相对位置;最后在 OTDR 迹线的线性段上,不断地沿横坐标方向整体移动 a、b 标杆,记录 a、b 标杆间光纤段的衰减值偏离 1 dB 的最大值,即获得 OTDR 的测量线性度。需要注意的是,在移动 a、b 标杆时,要避开 OTDR 迹线上噪声较大的部分,通常选取的迹线高度高于噪声峰值电平 8 dB。

4.5　显示分辨率

OTDR 的显示分辨率也称为读出分辨率,分为纵向(或垂直)和横向(或水平)分辨率。纵向显示分辨率表示能够显示的最小衰减刻度值,单位为 dB;横向显示分辨率表示能够显示的最小长度刻度值,单位为 m(或 km)。

直观地说,OTDR 的显示分辨率就是移动一格 a、b 标杆,最小能够区分多大的衰减值和光纤长度值。

纵向显示分辨率主要取决于计算精度和显示器,目前 OTDR 大部分采用较高分辨率的显示屏,绝大部分 OTDR 的纵向显示分辨率可达 0.01 dB,其至是 0.001 dB。

横向显示分辨率主要取决于 OTDR 中的距离分辨度,与量程也有关系,范围从 0.1 m 到 10 m。在小于 10 km 以下量程时,分辨率可达 0.1 m;而在 250 km 量程时,分辨率可能只有 8 m。

值得注意的是,不要把 OTDR 的显示分辨率与事件分辨率混淆。事件分辨率对应的是事件盲区和衰减盲区。

4.6　距离分辨度

距离分辨度也称采样分辨度。OTDR 的距离分辨度表示能够显示的最小长度刻度值,单位为 m(或 km)。

直观地说,OTDR 的距离分辨度就是移动一格 a、b 标杆,最小能够区分多大的光纤长度值。它直接取决于 OTDR 中模 / 数变换器的取样率,取样率越高,距离分辨度越小,是两个取样点之间的距离。800 MSPS 的模 / 数变换器取样率,可使距离分辨度达到 0.125 m;而 25 MSPS 的模 / 数变换器取样率,距离分辨度为 4 m。

OTDR 的距离分辨度决定了 OTDR 定位事件的距离能力,通常与量程大小有关。虽然理论上大量程时模 / 数变换器完全可以采用高速率的取样率,但会产生较大的数据量,需要较大容量的存储器存储数据,并且计算处理数据的时间也会增加很多。但在长纤测量中,亚米量级的距离分辨度能够带来的好处不多。综合下来,OTDR 采用的做法是小量程时采用较高的距离分辨度,大量程时采用较低的距离分辨度。

也有些 OTDR,微处理系统通过进行插值处理方式提高距离分辨度,这与通过提高模 / 数变换器的取样率来提高距离分辨度的方法相比,效果要差。

4.7　距离不确定性

OTDR 的距离不确定性也就是距离测量精度。它依赖于折射率误差、模数变换器使用的时钟误差、距离分辨度。

折射率误差取决于光纤生产厂商给出的光纤折射率精度或者对光纤进行折射率测量的精度。

去除折射率误差影响后,常使用下列方式表示 OTDR 的距离不确定性:

$$\pm(零点定位不确定度 + 距离 \times 距离刻度不确定度 + 采样分辨度)$$

其中:

(1)零点定位不确定度表示以 OTDR 的光接口为界,仪表内部所连接光纤的不确定性。简单地说,就是在生产 OTDR 时,仪表内部的连接光纤不一样长所导致的误差。通常零点定位不确定度小于 1 m。

(2)距离刻度不确定度表示模 / 数变换器取样时钟的不确定度。通常取样时钟发生器采用石英晶体振荡器,精度范围为 $(1\sim3)\times10^{-5}$。

(3)采样分辨度如上节所述。

所以,在 OTDR 中常看到如下距离不确定性:

$$\pm(1\,m + 3\times10^{-5} \times 距离 + 采样分辨度)$$

4.8　回波损耗测量误差

回波损耗测量误差表示使用 OTDR 测量反射事件点的回波损耗以及光纤链路回波损耗时的测量精度。

通常 OTDR 的回波损耗测量误差为 $\pm2\,dB$。如果在设置中选择的光纤散射系数与真实值有偏差的话,回波损耗测量误差会更大。

4.9　测量范围

OTDR 的测量范围指能够获取 OTDR 数据的最大光纤距离,也就是第 3 章中介绍的 OTDR 的量程。

OTDR 的测量范围通常表示有不同档次的量程提供给操作者根据测量环境进行选择。1 km 的量程可用于测量数百米的短光纤,400 km 的量程可用于测量长度达 100 km 以上的光纤。

　　但需要注意的是,当选择了一个大量程时,并不表示就可以有效测试对应长度的光纤。例如,选择 400 km 的量程,不表示可以有效测试长度为 400 km 的光纤,因为受到测量动态范围的限制。但如果选择 60 km 的量程,肯定不能够测量长度超过 60 km 的光纤。

第 5 章 OTDR 测量应用场景、注意事项和应用技巧

由于 OTDR 测量技术具有单端、非破坏性的优点,故被广泛应用于光纤光缆的施工、验收和维护工作中。不但可以测量光纤光缆的质量,在光缆网络出现故障时,还可以快速、有效地定位故障点,也可以对正在工作的光缆网络进行在线监测,甚至还可以进行光缆网络安全监测(防光缆窃听)。

5.1 光纤光缆的交付测量

当用户向厂商购买光纤光缆后,光纤光缆在出厂前、用户在收到货物后,需要对光纤光缆进行长度、衰减特性测量。对于用户而言,也称为入库检测。

如果交付对象是光纤的话,通常是按盘来进行,一盘光纤的长度从几千米到几十千米,标准盘长是 25 km,一般小于 50 km/ 盘。测量的主要参数是长度和衰减特性,考察光纤长度是否在合同规定范围内,光纤衰减系数是否符合要求,以及光纤衰减分布是否均匀。

如果交付对象是光缆的话,通常也是按盘来进行,一盘光缆的长度从几千米到几十千米。对于室内连接用的光缆,如接入网用的 FTTH 光缆,一盘光缆的长度从几百米到 10 km。对于干线网用的光缆,标准盘长是 2 km,除了海底光缆以外,一般小于 8 km/ 盘。测量的主要参数是光缆长度和光纤衰减特性。通过测量光纤长度结合光缆余长系数,考查光缆长度是否在合同规定范围内;测量光纤衰减系数,考查是否符合合同要求;考查光纤衰减分布是否均匀,光缆中的光纤是否有被压迫的现象。

在进行光纤光缆的交付测量时,一般来说,光纤是没有成端的(即尾纤状态,没有接光活动连接器),不能直接连接到 OTDR 进行测试。此时,可以使用光纤熔接机或光纤机械连接器,将一头成端的光纤尾缆(有条件的话,长度为几百米)与被测光纤、光缆进行连接,然后再进行 OTDR 测量。使用光纤机械连接器时,注意接头的回波损耗最好不要小于 40 dB。使用光纤熔接机进行连接,只需

进行自动光纤准直,不一定要熔接,但也要注意回波损耗最好不要小于 40 dB。

如果被测光纤、光缆较短(几千米以内),宜选择较小的 OTDR 测量脉宽(如小于 80 ns)和量程进行测量。测量光纤衰减时,宜采用 LSA 法(最小二乘法)进行测量。考查光纤衰减分布是否均匀时,宜采用 1 550 nm 波长进行测量,因为如果光缆中的光纤有被压迫的现象发生,由光纤微弯引入的损耗,用 1 310 nm 波长测量,损耗为 0.01 dB,用 1 550 nm 波长测量,损耗大于 0.2 dB,因此使用 1 550 nm 波长进行测量则更容易观察到异常现象。

5.2　光缆施工前的测量

在进行光缆施工之前,按施工规范要求,需要对单盘光缆再次进行施工前测量,以杜绝将有问题的光缆铺设到线路中。如果省略这一步骤,使用了有问题的光缆,等到光缆铺设完成,一旦需要返工时,代价很高。

进行施工前测量的内容较简单,主要是光缆衰减特性与入库前的测试没有明显变化即可,测量方法与入库检测相同。

5.3　光缆施工中的测量

在光缆施工中,需要使用 OTDR 对光纤熔接头的质量进行监测。同时,也需要通过监测光纤衰减特性,及时发现施工中是否损伤了光缆。例如,埋地敷设时,石块等硬物对光缆产生了较大的压力,产生了明显的宏弯和微弯损耗;架空敷设时,挂钩或金属夹具对光缆产生了过大的压迫,或光缆纵向拉力过大,产生了明显的宏弯和微弯损耗;预留余长光缆时,弯曲直径没有满足要求,产生了明显的宏弯和微弯损耗。出现以上情况时,会在 OTDR 迹线上出现明显的衰减台阶。

通常,将 OTDR 放置于光缆线路的一端,每铺设一段光缆,进行一次测量,但这种方法有时有些问题。使用 OTDR 测量光纤熔接头时,由于可能存在假增益现象,导致单向测试得到的接头损耗与真实值出现偏差,结果导致在某些熔接点,不管怎么熔接,接头损耗都超标;而另一些熔接点,熔接时测量的接头损耗达标,但将来竣工测试时接头损耗超标,最终需要返工。

避免上述问题的办法是实行双向测试。除了在光缆线路的一端放置一台 OTDR 外,在光纤熔接点的下一段光缆的熔接点处也放置一台 OTDR,这样就可以进行双向测试了。放置在施工线路中间的一台 OTDR，随着施工进展不断向后延伸，直至到光缆线路的另一端。这种方法的缺点是需要的测试人员和仪表数翻倍。

一些光缆施工人员认为，当前使用的光纤熔接机具备熔接头损耗测试功能，不再需要使用 OTDR 去测量熔接头的损耗了，省人、省力。这种观点是不对的。因为目前光纤熔接机是通过图像方法评估光纤准直的程度，以此来估算光纤熔接头的损耗。但影响光纤熔接头损耗的因素甚多，不仅仅是两根光纤准直的程度，虽然光纤的准直程度对光纤熔接头损耗影响最大。光纤熔接机显示熔接损耗为 0 的很多光纤熔接头，真实损耗在 0.1 dB 以上。对于链路衰减要求不高的光纤线路，从节省成本、提高效率的角度出发，可以采用光纤熔接机来评估熔接头损耗，但对于干线光缆线路或者对链路衰减要求高的光缆线路，则不宜采用此方法。当然，如果将来出现能够在光纤熔接现场直接测量熔接头损耗的仪器，就不需要 OTDR 进行光缆施工熔接头损耗测量了。

光缆施工中进行 OTDR 测量，需要根据被测光纤的长度选择使用适当的测量脉宽。

如果线路较长，光纤线路衰减较大，不建议使用大于 3μs 的测量脉宽进行 OTDR 测量。否则，可能因为较大的测量盲区，而使获得的测量结果不够准确，对光纤中存在的问题细节分辨不清。当使用的 OTDR 测量动态范围不够时，可以采用分段测量。

5.4　光缆工程竣工验收测量

按照光缆工程竣工验收规范，要求进行光缆工程竣工测量，测量内容包括但不限于光纤链路长度、光纤链路衰减、光纤链路平均衰减系数、连接点损耗。可以使用 OTDR 测量方法作为光缆工程竣工测量方法，但需要进行双向测试，将双向测试获得的结果的算术平均值作为最终结果。对光纤链路长度的测试，可以只进行单向测试。通常情况下，进行光缆工程竣工测量时，需要将 OTDR 测量参数和测量结果同时记录下来，还应当将 OTDR 迹线保存下来，以方便将来进行光缆维护时进行数据比对，更容易及时发现光缆工作异常以及光缆的劣化。

与光缆施工中进行 OTDR 测量的情况相类似，需要根据被测光纤链路的长度选择使用适当的测量脉宽进行测量。

如果线路较短，只有几百米，就不应把注意力关注在光纤的衰减系数上，而是应该通过观察 OTDR 迹线上是否有衰减台阶,注意光纤线路中间是否存在弯曲等因素引起的大的衰减。对一条上百米的光纤线路,一味要求 OTDR 测量获得的光纤衰减系数达到 0.2 dB/km(1 550 nm 波长)或 0.4 dB/km(1 310 nm 波长),并无实际意义,特别是在光纤接头有较强反射时。不适当的追求,反而会导致一些不法厂商为了迎合畸形需求,在短纤测试时进行数据造假,不管光纤线路状态如何,即使是将光纤剧烈弯曲,产生了明显的损耗,但 OTDR 得到的测试结果几乎不变,光纤衰减系数永远是在 0.2 dB/km 或 0.4 dB/km 附近微小变化。试想一下,0.1 dB 的损耗变化,足以让 100 m 的光纤线路的衰减系数达到 1 dB/km。还有的利用 OTDR 中提供人工修改测试结果的功能便利,直接将测试结果数据按照想要的结果进行修改、造假。

对第一种造假情况,可以按下面的方法去发现。使用一根长 100 m 左右的软光纤跳线,跳线一端连接 OTDR,起始端点的回波损耗在 30~40 dB(一般的 FC-PC 接头,不用刻意清洁端面,典型的回波损耗在 30~40 dB),使用 10 ns 左右的测量脉宽进行测量,在末端用光功率计监测光功率,在光纤跳线中间 50 m 的地方将光纤跳线绕几圈,直径为 10 mm 左右,使光功率计监测到的光功率下降 0.1~0.5 dB,观察比较弯曲光纤跳线前后 OTDR 的测试结果和 OTDR 迹线。

对第二种造假情况,可以按下面的方法去发现。将界面中列出的测试结果和 OTDR 迹线进行比较,会发现界面中列出的测试结果与 OTDR 迹线明显对应不上,如 OTDR 迹线上反射峰后拖尾严重,几乎没有直线段,或者直线段斜率较大,但列出的测试结果却接近普通光纤给出的指标。

5.5　光缆网络维护中的测量

在光缆网络维护工作中,OTDR 可以用于光缆故障定位。很多情况下,光通信设备出现告警后,设备维护人员需要判断是通信设备的故障还是光缆线路的故障。如果判断是光缆故障,光缆维护人员首先需要通过使用 OTDR 测量光缆线路,判断光缆故障类型及故障初步位置,以便光缆抢修人员能够及时、有效、准确地找到光缆故障点,尽快修复光缆线路。

光缆维护人员接到光缆故障告警报告后,首先使用 OTDR 测量出现故障的光纤。很多情况下,在同一根光缆中,只有一部分光纤出现问题,维护人员需要通过 OTDR 进行测量,得出故障范围、规模。可以通过故障光纤的衰减变化程度以及故障光纤的芯数,初步判断光缆故障类型,如光缆完全中断还是部分受损。通过测量光纤故障点的光纤长度,再对比故障前保存的光纤测量数据、OTDR 迹线、光缆余长系数、光缆预留长度等参数,尽可能准确地给出光缆故障地点范围和地面地理坐标,让光缆抢修人员能够准确、快速地找到光缆故障点。

在判断光缆故障地点时,有时需要以某个距离故障点较近的光纤熔接点(物理上对应光缆保护盒)为参考点,减少因为光缆余长系数、光缆预留长度等因素对光缆故障地点判断准确性的影响。

在使用 OTDR 测量出现故障的光纤时,通常只需要分辨较大的衰减变化,并且光缆被挖断、拉断、折断以及受压迫产生大衰减时,通常回波损耗较大,产生的反射峰小,甚至没有反射峰,因此可以采用比平常测量小一些的测试脉宽,较小的测试脉宽可以比较准确地获得事件距离;并且采用较小的测试脉宽对获得准确的光纤熔接点(作为地理参考点)距离有利,对于故障点的地理精确定位有利。

除了用于光缆故障定位,在光缆网络维护工作中,OTDR 还可以用于光缆劣化测量。通过周期性(如每隔一个季度进行一次测量)地测量光缆链路的性能参数,将其与光缆敷设初期的测量结果进行比较,可以得到光缆敷设后的劣化、老化状态或趋势。测量时注意使用相同的测量参数进行 OTDR 测量,才能进行数据比对,否则可能获得不准确的结论。

5.6　光缆网络维护中的监测

5.6.1　光缆监测系统组成

当光缆网络施工完成并投入运营后,对一些较为重要的光缆线路,需要安装光缆监测系统,实时监测光缆线路的工作状态。安装光缆监测系统的目的:一是了解光缆在工作状态下随时间的劣化过程,在光缆发生严重故障之前,采取措施,排除隐患;二是一旦光缆受外界因素影响,发生中断等严重故障时,立刻向维护人员发出告警,最好是能同时给出发生故障的准确地点,便于维护人员在较短时间内赶到故障现场,及时排除故障,恢复光缆线路。

大部分光缆监测系统的功能是通过 OTDR 技术来完成的。光缆监测系统的核心是 OTDR 模块,除此以外,一般的光缆监测系统还包括光开关,有的系统还包含光源、光功率计单元,如果是在线工作模式,还包括光复用器和光滤波器。

一种在线式光缆监测系统的组成如图 5-6-1-1 所示。

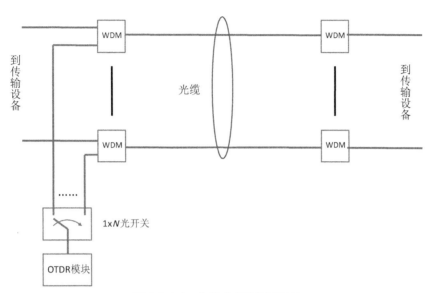

图 5-6-1-1　在线式光缆监测系统

图 5-6-1-1 中的在线式光缆监测系统包括 OTDR 模块、1×N 光开关、波分复用器（Wavelength Division Multiplexer，WDM）。1×N 光开关（N = 4，8，16，32，64，128）起到 N 根光纤共享一个 OTDR 模块的作用，以降低系统成本；波分复用器起到合波和滤波的作用，使得 OTDR 信号和通信系统信号不会互相干扰。如果采用在线工作模式，在同一根光纤中既有通信信号（波长为 1 310 nm 或1 550 nm），也存在测量信号（波长为 1 625 nm 或 1 650 nm），此时必须使用波分复用器。波分复用器的插入损耗应小于 1 dB，通信信号与测量信号的隔离度要求达到 45 dB 以上。如果采用离线工作模式，则可以省掉波分复用器。

5.6.2　光纤非线性对在线式光缆监测系统的影响

采用在线工作模式时，除了需要考虑通信信号与测量信号的隔离度要求外，还应考虑到光纤非线性对光缆监测系统的影响。

根据相关研究，光纤非线性对光缆监测系统的影响有以下两个方面。

（1）通信信号和 OTDR 测量信号在光纤中发生光纤非线性作用（受激拉曼效应），使得 1 550 nm 的通信信号被作为泵浦信号，对波长为 1 625 nm 或1 650 nm 的 OTDR 测量信号产生受激拉曼放大作用，导致一部分 1 550 nm 通信信号的功率转移至 OTDR 测量信号上,使得通信信号的功率降低,OTDR 测量信号的功率增加,如图 5-6-2-1 所示。通信信号的功率降低,导致接收信号幅度降低,误码率上升。换言之,OTDR 测量信号对通信信号产生干扰,这种干扰不能通过提高滤波器的隔离度解决。这种非线性影响的严重程度还跟通信信号、OTDR 测量信号的方向有关。如果 OTDR 测量信号和通信信号同向,固定影响某一部分的通信信号,导致这部分通信信号的功率降低较大,下降幅度可达 1.5 dB;如果 OTDR 测量信号和通信信号反向,两个信号不同步,OTDR 测量信号从不同部分的通信信号中获取能量,通信信号下降幅度较小,实际上可以忽略该影响。

图 5-6-2-1　通信信号受 OTDR 测量信号影响(同方向传输时)

（2）在 OTDR 测量信号对通信信号产生干扰的同时,通信信号对 OTDR 测量信号也产生干扰。1 550 nm 的通信信号(如 SDH、OTN 信号),在光纤中会产生受激拉曼散射(包括前向、后向受激拉曼散射),受激拉曼散射光谱范围在 1 610~1 700 nm,覆盖了 OTDR 的工作波长(1 625 nm 或 1 650 nm)。1 550 nm 的通信信号产生的受激拉曼散射电平虽然"看"起来不高(跟激励信号电平比较),例如激励信号电平为 -3 dBm 时,在 OTDR 端口,只接收到 -60 dBm 左右的后向受激拉曼散射功率,但要知道,OTDR 的后向散射信号电平也不高,1 550 nm 的通信信号产生的受激拉曼散射会增加 OTDR 的本底噪声,降低 OTDR 的测量动态范围。OTDR 的测量动态范围受影响程度跟两个信号的传输方向也有很大的关系,当两个信号同方向传输时,只要通信信号功率在 -3 dBm 以上,就会对 OTDR 测量信号产生显著影响(动态范围降低 1 dB),如果通信信号功率增加到 10 dBm(这在 SDH、OTN 网络中很常见),OTDR 动态范围降低幅度将达到 3 dB 以上;极端一点,通信信号功率增加到 18 dBm,OTDR 动态范围降低幅度达到 20 dB 以上,甚至无法工作。当两种信号传输方向相反时,OTDR 端口接收到的是前向受激拉曼散射信号,前向受激拉曼散射信号在传输到 OTDR 端口过程中被光纤衰减,当光纤线路较长时(如 100 km),OTDR 受影响较小。

因此,为了将光纤非线性对在线式光缆监测系统的影响减至最小,应尽量采用 OTDR 测量信号和通信信号反向的方式,即 OTDR 模块放置在通信系统的发射机的对端。另外,受激拉曼散射信号谱宽达 40~50 nm,OTDR 的信号可以采用窄谱宽(0.5~1 nm)光源,并且使用一个窄带滤波器(1 nm)滤除部分受激拉曼散射信号。

5.6.3　光缆监测系统与 OTDR 的一些差别

虽然都是基于 OTDR 技术,在参数设置上有较多相似的地方,但由于功能上的差异,光缆监测系统和 OTDR 在用户界面上有较大差异。如图 5-6-3-1 所示,大部分光缆监测系统包括地理地图方式光缆网络拓扑界面、告警管理界面、性能管理界面、报表管理界面和光缆网络资源管理界面。通过这些界面,光缆监测系统可以完成不同的功能。例如,通过光缆网络拓扑界面,维护人员可以很直观地了解光缆网络结构,也可以直观地知道故障出现在光缆网络的哪一段以及大致的地理位置;通过告警管理界面不但可以了解当前光缆网络告警状态,也可以了解光缆网络历史告警状态;通过性能管理界面,既可以通过点名测量获得某光缆链路的性能参数,也可以通过历史性能测量获得光缆链路的历史性能参数,以便于发现光缆线路的劣化;通过报表管理界面,可以很方便地将各种测量数据、性能参数数据,以报表方式输出;通过光缆网络资源管理界面,可以很方便地了解整个光缆网络的资源状态。

在正确地将工作参数、光缆网络数据输入后,光缆监测系统便可以进入对光缆网络的自动监测状态,操作起来非常方便,大大提高了光缆网络的维护效率。

在设计光缆监测系统时,除了要求较高的光缆线路需要采用在线监测方式外,普通光缆线路通常采用离线监测方式,并且对一根光缆使用一根空闲光纤进行监测即可,对于纤芯数很大的光缆,也可以抽取其中几根不同分组的纤芯进行监测。

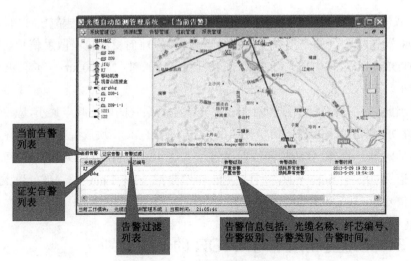

图 5-6-3-1　光缆监测系统界面

在光缆监测系统中,由于其工作模式有别于 OTDR,所以有时操作人员会存在一些疑问。其中一个疑虑就是关于 OTDR 模块和光开关模块的寿命问题。

(1)对于 OTDR 模块寿命的担心。这种担心来自模块中半导体激光器(LD)的使用寿命。在通信系统中, LD 的使用寿命长达 10 万小时以上,但 OTDR 模块使用的 LD 为高功率脉冲 LD,工作寿命只有 1 000~3 000 h,看起来与通信系统中使用的 LD 有较大差别,因此对 OTDR 模块寿命的担心也就不足为奇了。其实这是一个误会,通信系统中所使用的 LD 寿命长达 10 万小时,但其工作于准连续状态(如数字通信系统中,"0"和"1"是等概率出现的), LD 有一半时间处于激励状态;虽然高功率脉冲 LD 工作寿命只有 1 000~3 000 h,但其工作于低占空比状态(占空比低于 1%,通常为 0.1%), LD 只有很少的时间比例处于激励状态,其他时间处于非激励状态(连偏置电流都没有),按 0.1% 占空比、1 000 h 激励时间计算,高功率脉冲 LD 也可以工作 100 万小时。因此,完全不用担心 OTDR 模块的使用寿命。从长期使用 OTDR 模块的工作经验来看, LD 出问题的概率并不比其他集成电路高,和其他器件相比,LD 在可靠性上并无特别之处。

(2)对于光开关模块寿命的担心。这种担心主要来自早期光开关模块的使用情况。早期的光开关模块主要是使用机械式光开关,使用次数为 10 万次左右,按每 60 s 测试一个光纤通路,光开关也就只能使用两个月。目前的光开关模块中,已经普遍使用了 MEMS 光开关,使用次数超过 1 000 万次,按每 60 s 测试一个光纤通路,光开关可以使用 16 年以上。

还有一个疑虑是关于监测的实时性。监测的实时性涉及所使用的光开关路数，使用 1×8 光开关获得的实时性肯定比使用 1×128 光开关要好，但监测同样光纤通路数，需要 16 倍数量的 OTDR 模块，这就涉及成本问题。可以根据网络监测要求，选择使用适当路数的光开关。早期的光缆监测系统采用大路数的光开关 + 光源、功率计的监测模式，只使用一个 OTDR 模块，通过光源、功率计实时监测光缆线路故障，出现光缆故障后，再将 OTDR 模块切换到出现故障的光纤通路进行测量和故障定位。这样做的缺点是需要光缆线路两端都要放置有源设备。在目前的技术状态下，MEMS 光开关和 OTDR 模块的成本已经有大幅度下降，采用 1×8 光开关 +1 个 OTDR 模块的组合方式更为合适，既可以保证一定要求的实时性，系统成本也适中，且只需要将监测设备安装在被监测光缆线路的一端。

5.7　PON 网络中光缆维护的测量和监测

与普通光缆网络相比，PON 网络在结构上有较大差异，使用 OTDR 对 PON 网络进行光纤测量和维护时，需要注意测量方式。

PON 网络的结构常分为一级分路方式和多级分路方式，如图 5-7-1（a）所示结构是一个一级 64 分路的方式；如图 5-7-1（6）所示结构是一个二级分路的方式，第一级为 8 分路，第二级也为 8 分路，最终为 64 分路方式。

如果从 OLT 端使用 OTDR 对 PON 网络的光纤线路进行测量，对于 OLT 到第一级分路器之间的光纤线路，即图 5-7-1 中的 $a—b$ 段，与普通光纤网络的情况类似；但需要测量第一级分路器之后的光纤线路，即图 5-7-1 中的 $c—d$ 段、$c—e$ 段、$f—d$ 段，与普通光纤网络的情况相比，问题就出现了。

第一个问题是 OTDR 的动态范围。

PON 网络中的光纤线路段通常较短，图 5-7-1 中的 $c—d$ 段、$c—e$ 段、$f—d$ 段光纤一般只有几百米，甚至几十米。使用 OTDR 进行测量时，只能使用小于 100 ns 的测量脉宽，在 100 ns 的测量脉宽下，OTDR 的动态范围大概只有 25 dB（换算成 20 μs 的测量脉宽，动态范围大于 45 dB）。在 PON 网络中，如果使用 1×32 的分路器，插入损耗高达 15~18 dB；如果使用 1×128 的分路器，插入损耗更是高达 20 dB 以上；加上 5 dB 左右的光纤线路衰减，从 OLT 端到 ONU 端，总的线路损耗高达 25 dB 以上。以 25 dB 动态范围的 OTDR 去测试这样高损耗的光纤线路，情况的糟糕程度可想而知。

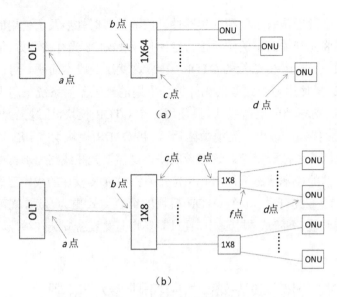

图 5-7-1   PON 网络结构

第二个问题是光分路器产生的盲区。

光分路器的插入损耗高达 20 dB 左右,在 OTDR 端接收到的光分路器前后光纤产生的后向散射信号电平差别达到 40 dB,如此大的电平差别,使得电路中的放大器从一个较高的电平下降到 0.01% 的电平所需恢复时间较长,即在光分路器后会产生一个较大的衰减盲区。如图 5-7-2 所示,OTDR 迹线上表现为在对应于光分路器的后面,有一个 20 dB 左右高度的台阶,台阶后面进入一段较大的盲区,盲区可达 100 m。光分路器后面的光纤通常也就只有 100~300 m。

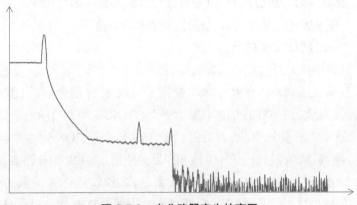

图 5-7-2   光分路器产生的盲区

第三个问题是光分路器后面多条光纤的后向散射信号的叠加。

光分路器后接有多根光纤,如图 5-7-1 中接有 64 根光纤,在 OTDR 端接收到的是这些光纤产生的向后散射信号和末端产生的菲涅耳反射信号的总叠加。当多根光纤产生的信号叠加起来后,得到的 OTDR 迹线与前面章节介绍的 OTDR 迹线情况完全不同,就很难从获得的 OTDR 迹线上计算出其中一根光纤的损耗变化大小(这是由于采用对数计算导致的),也就是说,可以看出有变化,但 OTDR 迹线上的变化值不等于该根光纤的损耗变化值。图 5-7-3 是 PON 网络的 OTDR 迹线的一个例子,OTDR 迹线中除了有光分路器形成的台阶,还有多个 ONU 光接口端面形成的反射峰,有些反射峰是多个反射峰叠加起来的。

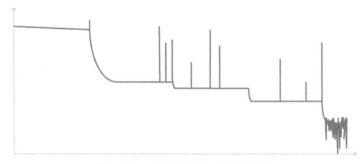

图 5-7-3　PON 网络的 OTDR 迹线

由于上述三个问题的存在,在使用 OTDR 进行 PON 网络光纤测试时,最好以光分路器为界,分段进行测量。例如,图 5-7-1 中,在 a 点测量 a—b 段的光纤,在 d 点测量 d—c 段的光纤。

在监测分支光纤是否出现中断时,可以通过监测反射峰的消失来进行,前提是 ONU 光接口端面形成的反射峰不重叠。

在 PON 网络中,维护人员除了使用 OTDR 监测光纤中断情况外,有时或许需要在不入户的情况下,获知 ONU 的工作状态,如是否连接到光纤线路上、是否加电、光纤是否中断等。这时,通过应用 OTDR 中的双波长测量功能,结合 PON 光功率测量功能,就可以完成以上测量需求。有些 OTDR 已具备上述功能,如桂林聚联科技有限公司的"PON 眼"测试仪。

5.8　树形网络中的光缆监测

在 5.6 节中介绍了光缆监测系统,以离线监测方式为例,监测一条光缆线路,需要占用被监测光缆中的一根光纤。对于普通单波长的 OTDR 光缆监测系统,光缆网络为链形或星形网络时,进行光缆监测比较方便;但如果光缆网络为树形或混合型网络,则可能会遇到一些麻烦。树形光缆网络如图 5-8-1 所示,混合型光缆网络如图 5-8-2 所示。

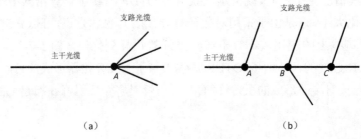

（a）　　　　　　　　　　　　　　　　（b）

图 5-8-1　树形光缆网络

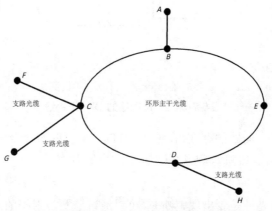

图 5-8-2　混合型光缆网络

对图 5-8-1 和图 5-8-2 的网络进行光缆监测时,如果采用普通单波长的光缆监测系统,会出现如图 5-8-3 所示的类似情况。在图 5-8-3 中,需要监测 1 条主干光缆、3 条支路光缆,占用光缆监测系统的 4 个监测通路,同时还占用主干光缆的 4 根光纤。占用光缆监测系统的较多监测通路,问题不大,但占用过多的主干光缆中的纤芯,则很多时候并不能被接受。

当然,对于图 5-8-3 所示的例子,如果光缆不长,特别是支路光缆较短时,可以在每条支路光缆占用两芯光纤,将其末端环回;在主干光缆中占用一芯光纤,并在 A、B、C 处将支路光缆的光纤与主干光缆的光纤串接起来,形成一条光纤,然后使用光缆监测系统的 1 个监测通路对其进行监测。

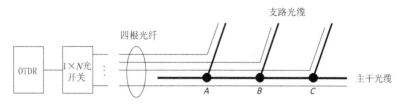

图 5-8-3　普通光缆监测系统监测树形光缆网络的例子

如果支路光缆较长,每条都有 20~30 km,串接起来的光纤超过 150 km,以上方法就不适用了,此时可以采用图 5-8-4 所示的多波长光缆监测系统来监测树形或各种混合型光缆网络。

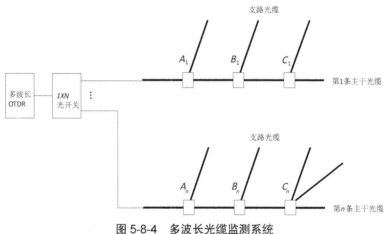

图 5-8-4　多波长光缆监测系统

图 5-8-4 所示的多波长光缆监测系统,每 1 个监测通路占用 1 根光纤就可以监测 1 个树形或混合型光缆网络。多波长光缆监测系统的工作波长通常采用 C-WDM 中规定的波长,波长数最多为 18。使用 $1×N$ 的光开关使得一个多波长光缆监测模块就可以监测 N 个树形或混合型光缆网络,根据网络规模和监控需要选择 N 值,通常 N 值可以选取 4~32 的整数。使用多波长光缆监测系统进行光缆监测时,需要在节点处放置 WDM,如图 5-8-4 中 A_n、B_n、C_n 节点。WDM 可以采用三端口类型,WDM 将支路光缆的光纤和主干光缆的光纤连接起来,并将其中 1 个波长的 OTDR 测试信号导流到 1 个支路光缆。由于三端口类型的 WDM 为无源光器件,可靠性高,体积很小,比光纤熔接用的热缩套管大不了多少,完全可以放置在光缆保护盒内。

5.9   WDM 城域网中光缆维护的测量和监测

与动辄数百上千千米覆盖范围的干线 DWDM 网络有所不同,WDM 城域网具有以下特点:

(1)覆盖范围大概在 80 km 以内,一般局间中继距离为 5~8 km;

(2)提供以波长为基础的透明服务,灵活地传送任何格式的信号;

(3)网络结构点到点、星形、环型形、链形 + 环形网、环形相交和网状结构等;

(4)为了降低 DWDM 技术在城域网中应用的成本,一般尽量不采用光放大器。

图 5-9-1 为 4 个 OADM 节点组成的环形结构的 WDM 城域网。OADM 节点提供波长 λ 插入、分出功能,OADM 节点中没有采用光放大器,通常也没有波长均衡的功能。WDM 城域网既可以采用 DWDM 技术,也可以采用 CWDM。

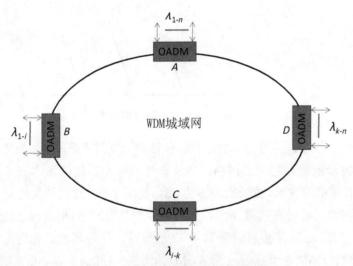

图 5-9-1   环形结构的 WDM 城域网

在维护 WDM 城域网的光缆时,如果使用普通 OTDR,只能分段测试不同的光纤段,由于 OADM 节点是有波长选择功能的,不能在其中一个站点完成对全网络光缆的测量和监测。这样的话,光缆维护的工作效率就比较差。

在维护 WDM 城域网的光缆时,如果采用波长可调谐 OTDR 或 CWDM 多波长 OTDR,就可以解决以上遇到的问题。

波长可调谐 OTDR 的波长调谐范围一般在 1 520～1 590 nm,包含 DWDM 所使用的 C 带和 L 带的光波长通路。

CWDM 多波长 OTDR 的工作波长为 CWDM 多波长,波长数至多可达 18。

例如,在图 5-9-1 中,可根据 WDM 城域网所使用的技术方案(DWDM 或 CWDM),选择使用波长可调谐 OTDR 或 CWDM 多波长 OTDR,在 A 点就可以穿透网络中的 OADM 节点,完成对 A—B—C—D 各段光缆的测量和监测。

使用波长可调谐 OTDR 或 CWDM 多波长 OTDR 对 WDM 城域网的光缆进行测量和监测时,需要根据光波长－光纤路由表,选择对应的 OTDR 波长进行测量。除了可以测量各段光缆外,也可以测量 OADM 节点引入的插入损耗。

5.10　5G 前传网络中光缆维护的测量和监测

5G 前传网络指 DU(分布单元)到 AAU(有源天线单元)之间的光传送网络,接口协议为 eCPRI,速率为 25 Gb/s。

AAU 通常放置于铁塔之上,而 DU 通常放置于铁塔之下或距离铁塔数千米之远的机房内。

通常,覆盖一个小区需要 3 个 AAU,每个 AAU 需要 1 个 eCPRI 接口。

5G 前传网络的方案主要有光纤直连、无源 WDM、半有源 WDM。其中,无源 WDM、半有源 WDM 方案又可以分为 CWDM、LWDM、MWDM 和 DWDM 方案。

如果采用光纤直连方案构建 5G 前传网络,其光缆网络最为简单,但占用了大量的光纤资源。使用 OTDR 测量和监测这种 P-to-P 的光纤网络,自然没有什么复杂和特别之处,只是光纤长度较短,测量时采用 10～80 ns 的测量脉宽即可。

如果采用无源 WDM、半有源 WDM 方案构建 5G 前传网络,使用 OTDR 测量和监测无源 WDM、半有源 WDM 光纤网络,情况要复杂得多。和 WDM 城域网中光缆维护的测量和监测的情况有点类似,普通 OTDR 的信号不能穿透无源 WDM 器件,只能测量两个无源 WDM 器件之间的光纤段,当然也无法测量和监测无源 WDM 器件的工作状态。

采用无源 WDM、半有源 WDM 方案构建的 5G 前传网络,主要以树形网络为主,少量环形网络为辅,采用单纤双向或双纤双向方式。测量和监测这种无源 WDM、半有源 WDM 光纤网络,宜采用多波长 OTDR 或波长可调谐 OTDR,以便于进行穿透无源 WDM 器件的测量和监测,当然也就可以进行从光模块接口处到光模块接口处之间光纤网络的测量和监测,不但可以测量和监测光纤线路,同时也可以将无源 WDM 纳入到测量和监测之中。

需要注意的是:

(1)被测量和监测的无源 WDM、半有源 WDM 光纤网络所采用的通信波长,采用多波长 OTDR 或波长可调谐 OTDR 测量和监测无源 WDM、半有源 WDM 光纤网络时,二者的工作波长应该是相同的或者匹配的;

(2)采用盲区尽量小的多波长 OTDR 或波长可调谐 OTDR,才能取得较好的测量效果,因为无源 WDM 器件到光模块之间的距离可能只有数米距离;

(3)由于无源 WDM 器件的插入损耗可达 2~3 dB,即使不计光纤线路的衰减,仅两个无源 WDM 器件(1 个复用、1 个解复用)就会使光纤端到端的总损耗达 4~6 dB,因此应选择在 10 ns 测量脉宽下有 12~18 dB 动态范围的多波长 OTDR 或波长可调谐 OTDR。

5.11 光通信网络中的光缆防窃听监测

目前的光缆通信系统并非对"窃听"是天生免疫的。可以通过多种手段对光缆通信系统中的信息进行窃取。

(1)弯曲光纤"窃听"法:对光缆的铠装层进行切削后,取出其中的目标光纤进行弯曲,将光纤弯曲泄漏出来的光信号收集并探测,完成对光缆中所传输信息的窃取。

(2)研磨光纤"窃听"法:对光缆的铠装层进行切削后,取出其中的目标光纤,对很小一部分光纤的包层侧面进行研磨或者腐蚀,使光纤纤芯中传输的光信号从被研磨处泄漏出来,并将光电探测器紧贴在光纤研磨处,探测泄漏出来的光信号,完成对光缆中所传输信息的窃取。

(3)辐射"窃听"法:对光缆的铠装层进行切削后,取出其中的目标光纤,对很小一部分光纤进行辐射照射,在光纤中产生米氏散射,散射光从光纤侧面穿过光纤包层泄漏出来,收集散射光并探测,完成对光缆中所传输信息的窃取。

(4)收集光纤熔接点信号"窃听"法:将光缆保护盒打开,使用短波红外相机观察光缆保护盒中光纤熔接点、热缩套管处光信号泄漏状态和泄漏点,在光信号泄漏点收集泄漏光并探测,完成对光缆中所传输信息的窃取。由于光纤熔接的不完善性,大部分光纤熔接点处或多或少存在光信号泄漏情况,特别是距离光发射机一端较近的光纤熔接点,光纤中的信号高达 0 dBm 以上,光纤熔接点处更容易产生光信号泄漏。

（5）光信号分流"窃听"法：将光缆保护盒打开，将原光纤熔接点截断，再熔接插入一个小分光比（1% 以下）的分光器，取出光信号进行窃听。

以上这些光缆"窃听"法，它们的共同点：一是需要取出光纤中的小部分光信号，二是要触动光缆或光纤。根据这两个特点，可以使用光纤线路损耗变化监测、光缆振动探测和光纤形变探测对光缆"窃听"进行侦测。

在桂林聚联科技有限公司的光缆监测系统中，集成了三种光缆"窃听"侦测手段。

（1）使用高精度 OTDR 监测模块，以在线方式监测光纤线路损耗变化，侦测光缆"窃听"行为。

① 高精度 OTDR 监测模块和普通 OTDR 监测模块的差别在于可以发现光纤中 0.002 dB 以上的损耗变化。当光缆"窃听"需要取出 0.1% 的光信号时（以光纤中通信信号强度为 0 dBm 为例，被"窃取"0.1% 的光信号的电平即 -30 dBm），光缆"窃听"处的光纤将使光纤损耗变化达到 0.004 dB。

② 该方法对侦测弯曲光纤"窃听"最为有效，因为 1 650 nm 的监测信号对于光纤弯曲更为敏感（1 550 nm 的工作信号弯曲损耗为 0.001 dB 时，1 650 nm 的监测信号弯曲损耗超过 0.005 dB）。

③ 该方法对侦测在光纤熔接处进行的光缆"窃听"行为也是同样有效的，因为侦测的原理是发现损耗的变化，新插入的分光器会导致该处光纤的损耗发生变化。因此，不会因为原光纤熔接头插入损耗的存在而影响到侦测效果。

④ 因为使用在线工作方式，设计系统时，需要考虑所使用探测信号的波长，两个信号波长除了不发生冲突，还需要注意满足探测信号波长大于通信信号波长，原因是同样的光纤弯曲状态下，长波长信号的弯曲损耗大于短波长信号的弯曲损耗。例如，通信信号波长为 1 310 nm 时，探测信号波长应选择 1 550 nm 或 1 650 nm；通信信号波长为 1 550 nm 时，探测信号波长应选择 1 650 nm。

（2）使用光纤振动探测监测模块，监测和定位光缆（包括光缆保护盒）的振动。

① 光纤振动探测监模块使用相位敏感 OTDR 来探测和定位光缆的振动。当发生光缆"窃听"时，不可避免地触动到光缆或光纤，引起的光纤振动触发光纤振动探测模块告警。但如果只使用光纤振动探测模块侦测光缆"窃听"，存在一个漏洞，即光缆"窃听"者可能会先在光缆两端造成光缆中断，然后在光缆中断期间，在光缆中间加入窃听装置，当光缆恢复工作后，仅靠光纤振动探测模块

不能发现光缆"窃听"的存在。

② 光纤振动探测监测模块可以以离线方式工作,即光纤振动探测监测模块的工作波长可以与通信工作波长相同,但需要被监测光缆中额外的一根光纤。

③ 使用光纤振动探测监测模块侦测光缆"窃听"时,侦测光缆的敷设方式最好是管道或埋地方式,对于架空敷设方式的光缆,易受风和雨的影响而产生虚告警。

(3)光纤形变探测模块,发现和定位光缆出现的弯曲变化。

① 光纤形变探测模块使用偏振敏感 OTDR 来探测和定位光缆的弯曲变化(这种弯曲程度引入的弯曲损耗几乎不可能被探测出来,例如光纤弯曲曲率大于 10 cm)。

② 当发生光缆"窃听"时,不可避免地触动到光缆中的光纤,引起光纤的形变(例如将光纤从光缆中取出,或处理光纤保护盒中的光纤时),触发光纤形变探测模块告警。

③ 与使用光纤振动探测模块侦测光缆"窃听"情况类似,只使用光纤形变探测模块侦测光缆"窃听"也存在一个漏洞,即光缆"窃听"者可能会先在光缆两端造成光缆中断,然后在光缆中断期间,在光缆中间加入窃听装置,当光缆恢复工作后,仅靠光纤形变探测模块不能发现光缆"窃听"的存在。

④ 光纤形变探测模块通常以在线方式工作。

⑤ 使用光纤形变探测模块侦测光缆"窃听"时,侦测光缆的敷设方式最好是管道或埋地方式,对于架空敷设方式的光缆,雨的影响不大,但对强度大于 5 级以上的风,也易产生虚告警。

在光缆监测系统中,可以分别使用以上光缆"窃听"侦测手段,但同时使用两种或三种光缆"窃听"侦测手段,可以取长补短,效果更好。

第6章 OTDR技术发展状况

自从20世纪70年代中期提出后向散射理论开始，40多年过去了，在光纤通信领域，OTDR技术不但获得了极广泛的应用，随着电子技术、计算软件技术的发展，OTDR技术也获得了飞速发展。就单论OTDR而言，从一台十几千克重、测量动态范围只有20 dB左右、测量盲区高达几十米的仪器，发展到今天，测量动态范围已达50 dB、测量盲区只有几米，而重量只有1 kg左右，甚至OTDR模块已集成到了通信设备终端中。过去以手动测试为主的操作方式，也已经变为"一键测试"，测量操作更加智能化、简单化。

6.1 OTDR技术方案的多样化

在前面的5个章节中，讨论的OTDR技术方案实际只是众多OTDR技术方案中的一种，即：直接强度检测方案的OTDR技术。实际上，OTDR技术方案不局限于直接强度检测的一种方案，还发展了相干检测、相位检测、偏振检测等方式，相继出现了CO-OTDR（相干OTDR）、C-OTDR（相关OTDR）、LC-OTDR（低相关OTDR）、P-OTDR（偏振OTDR）、φ-OTDR（相位OTDR）、R-OTDR（拉曼OTDR）、B-OTDR（布里渊OTDR）等种类的OTDR技术方案，它们还被广泛应用于光缆分布式传感领域。在光纤通信领域，OTDR技术应用也不再局限于光纤线路衰减特性的测量和光缆故障定位，还被发展用于光纤偏振模色散参数测量、光纤模场分布均匀性测量、光缆识别、地下光缆位置识别、光缆故障位置快速定位、光缆安全预警、光缆"窃听"侦测等。

1. CO-OTDR(Coherent OTDR、相干OTDR)

相对于直接强度检测方案，采用相干检测方案可以最大限度地改善光接收机灵敏度，提高信号的信噪比，相应地提高OTDR的动态范围。但采用相干检测方案，需要光源有较长（数百千米）的相干长度，光源的成本很高，并且采用相干检测方案也会大幅度增加系统的复杂性。因此，在目前普通的光缆测量系统中，使用CO-OTDR的情况很少。

2. C-OTDR(Correlation OTDR、相关 OTDR)

C-OTDR 有时也被称为编码型 OTDR。

在直接强度检测方案的 OTDR 中,采用单个光脉冲信号对被测光纤进行激励,因此高动态范围和小盲区的要求是互相矛盾的。为了解决这个矛盾,一部分研究人员致力于 C-OTDR 的开发研究,追求采用窄脉宽、准连续脉冲序列作为激励信号,在获得小盲区的同时也获得动态范围的改善。

与直接强度检测方案的 OTDR 中采用单个光脉冲信号对被测光纤进行激励有所不同,C-OTDR 的基本原理为采用正交的激励信号(最常见的方案为伪随机码脉冲序列)激励被测光纤获得响应信号,然后对响应信号进行反卷积计算求得被测光纤的响应。

因此,C-OTDR 的理论建立于测量系统、被测系统为线性时不变系统的基础之上。对于光缆传感系统,情况尚好,因为光纤线路连接状态是可控的,如可以让光纤线路中没有强的菲涅耳反射。但对于普通通信光缆测量,不可能强求光纤线路中没有强的菲涅耳反射。一旦线路中有强的菲涅耳反射出现,如 $-25 \sim -14$ dB 的反射率,将导致光接收机在强的菲涅耳反射信号出现时产生饱和。一旦光接收机产生饱和,测量将不再满足线性响应的基本要求,当然也就求解不出光纤线路的响应。

因此, C-OTDR 适用于光缆传感系统,通常很少应用于普通通信光缆测量。海底光缆监测系统的应用是 C-OTDR 商用化的一个例子是。在海底光缆通信系统中,普遍使用了 EDFA 作为信号放大中继器, EDFA 可以用于放大准直流的光信号,但不适用于放大占空比很小的光脉冲信号。幅度检测方案的 OTDR 采用占空比很小的光脉冲信号作为探测信号,因此很难通过 EDFA 中继器;大部分 C-OTDR 方案中采用的激励信号序列为准连续的信号(如伪随机码脉冲序列),适合使用 EDFA 作为信号放大中继器。当然,为了让后向散射信号也能顺利通过 EDFA 并被放大,需要对 EDFA 中继器结构做一定的修改。

3. LC-OTDR(Low Correlation OTDR、低相关 OTDR)

LC-OTDR 也被称为白光干涉 OTDR、光学相干断层扫描仪。它采用低相干光源、迈克尔逊光干涉仪结构,通过测量光信号在波导传输过程中的后向散射信号和菲涅尔反射信号,识别光波导的不均匀性。它具有很高的动态范围(90 dB)和很高的空间分辨率(10 μm),但测量长度较小,短的只有厘米级,长的也不过 10 m。

在通信领域, LC-OTDR 主要用于测量集成光学中的微型光器件和光路,但它也可以用于其他领域,如生物组织的层析。

4. P-OTDR(Polarizantion-OTDR,偏振 OTDR)

P-OTDR 为偏振敏感 OTDR。

在光纤线路中,光纤沿轴向上存在双折射,在受各种外界因素影响下(温度、应力等),导致光信号在沿轴向传输时,偏振态随地点、时间不断发生变化,这种变化跟外界温度、光纤所受的侧向应力、电磁场有关。检测后向散射信号的偏振态和强度,可以获得被测光纤线路的双折射信息。

P-OTDR 与直接强度检测方案的 OTDR 差别在于它除了检测后向散射信号的强度外,还检测后向散射信号的偏振态。因此,通过 P-OTDR,理论上可以进行光纤偏振模色散参数、光纤双折射分布状况、光纤弯曲变化状况的测量等。但由于在实际环境中,光纤中的偏振态易受外界因素影响,P-OTDR 的商用化例子较少,如 EXFO 公司将 P-OTDR 用于光纤偏振模色散参数、光纤双折射分布的测量;桂林聚联科技有限公司将 P-OTDR 用于光缆识别、光缆故障位置快速定位、光纤形变围栏、光缆"窃听"侦测。

5. φ-OTDR(相位 OTDR)

φ-OTDR 为相位敏感 OTDR。

φ-OTDR 与直接强度检测方案的 OTDR 差别在于它检测后向散射信号的相位。φ-OTDR 通过计算前后两次测量数据的差值,获得后向散射信号的相位变化信息。

由于光信号在光纤传输时,外部环境因素(如振动)对光纤产生的应力影响使光纤折射率发生变化,导致光信号相位发生变化,因此 φ-OTDR 常用来探测发生在光纤线路上的振动。

根据探测相位变化的方案有所不同,φ-OTDR 可以进一步分为常规 φ-OTDR 和微分 φ-OTDR。

常规 φ-OTDR 的结构形式和直接强度检测方案的 OTDR 的结构形式很相似,但探测原理差异很大。常规 φ-OTDR 中使用的光源为窄带宽激光器,要求光谱宽度小于 10 kHz,否则振动探测灵敏度变差。因此,如何保证窄带宽激光器的频谱稳定性是常规 φ-OTDR 面临的主要问题之一。当然,使用窄带宽激光器为光源,意味着较高的成本,而且为了使光谱宽度不因信号调制而展宽,常规 φ-OTDR 需要采用声光调制或电光调制,而不是直接强度检测方案中常采用的直接调制方式。

微分 φ-OTDR 同样可以用于探测发生在光纤线路上的振动。微分 φ-OTDR

采用单轴 Sagnac 光干涉仪（有时也称为非平衡马赫－曾德尔光干涉仪）结构，光源为 F-P LD，因此微分 φ-OTDR 的成本较低。但微分 φ-OTDR 的缺点是不能检测出多个同时发生在光纤上的振动。如果多个振动同时发生在光纤上，只能检测发现最靠近微分 φ-OTDR 模块的振动。

另外，常规 φ-OTDR 使用窄带宽光源，受光纤非线性限制大，激励脉冲峰值功率不能过高（小于 20 dBm），并且使用的脉宽通常小于 100 ns，导致常规 φ-OTDR 的动态范围较小，当使用 EDFA 和单端光纤拉曼放大器时，可测量的光纤长度在 25 km 左右；当使用 EDFA 和双端光纤拉曼放大器时，可测量的光纤长度在 50 km 左右。

微分 φ-OTDR 使用 F-PLD 作为光源，受光纤非线性限制小，激励脉冲峰值功率高（可达 30 dBm 以上），并且可以采用较宽脉宽（1 000 ns），可以获得较高动态范围，仅使用 EDFA 的情况下，可测量的光纤长度就可以大于 60 km。如果采用线路双端监测方式，监测的光纤线路长度可以翻倍，达 120 km 以上，可以适用于 80% 以上的干线通信光缆的安全预警监测。

由于具备探测光缆振动的能力，在光缆通信领域，φ-OTDR 可用于光缆识别、地下光缆位置识别、光缆故障位置快速定位、光缆安全预警、光缆"窃听"侦测。

桂林聚联科技有限公司根据微分 φ-OTDR 的特点，将其用于光缆识别、地下光缆位置识别、光缆故障位置快速定位、光缆安全预警、光缆"窃听"侦测和光纤围栏。

6. R-OTDR(拉曼 OTDR)和 B-OTDR(布里渊 OTDR)

在光纤中，入射光除了产生瑞利散射，还会发生拉曼散射和布里渊散射。瑞利散射属于弹性散射，为线性光学现象，散射波长没有发生改变；而拉曼散射和布里渊散射属于典型的非弹性散射，为非线性光学现象，散射波长发生了改变，产生红移的散射光称为斯托克斯光，产生蓝移的散射光称为反斯托克斯光。在石英材料为基底的光纤中，对于短波红外波段，拉曼散射频移大约为 13 THz，谱线宽带大约为 9 THz；布里渊散射频移大约为 10 GHz，谱线宽带大约为 30MHz。

基于拉曼散射的 OTDR 称为 R-OTDR。拉曼散射中的反斯托克斯光散射系数与斯托克斯光散射系数的比值为温度的函数。利用拉曼散射对温度敏感的特性，可以将 R-OTDR 用于光纤温度分布式传感和探测。

基于布里渊散射的 OTDR 称为 B-OTDR。布里渊散射增益系数、频移为温度、应变的函数。在 B-OTDR 中，根据布里渊散射频移变化量和散射功率变化量(布里渊散射功率变化量可以通过测量布里渊散射功率与瑞利散射功率的比值获得),分别获得光纤温度和应变的信息。利用布里渊散射对温度、应变敏感的特性,可以将 B-OTDR 用于光纤温度、应变分布式传感和探测。

6.2　OTDR 指标的提升情况

对于传统的光纤线路测量领域,OTDR 技术有两个最重要的指标——测量盲区和动态范围,这些年来指标提升很快。用于测量干线光缆的商用 OTDR,测量动态范围已达 50 dB,使之能够测量单跨长达 300 km 的单模光缆线路(从两端进行)。而随着车载、舰载、机载光纤系统的应用日益广泛,对测量盲区、的要求也越来越高,目前已经出现事件盲区、衰减盲区分别达 10 cm、50 cm 的高分辨率 OTDR。

当然,对于上千千米的海底光缆系统,即使是动态范围已达 50dB 的普通 OTDR,也是无济于事的,这时只能借助于 C-OTDR 或 OFDR 技术,才能完成对数千千米的海底光缆的监测。因为监测一个上千千米的海底光缆系统(N 段,每段衰减小于 20 dB),需要 $N \times 20$ dB 的动态范围,N 值可高达 10 以上。

同样,虽然事件盲区、衰减盲区分别达 10 cm、50 cm 的高分辨率 OTDR 已经商用化,但对于光器件中光路的测量、集成光路中光路的测量、设备背板中光路的测量和单盘电路中光路的测量,10 cm 级的盲区也是不够的,需要借助于 OFDR 或 LO-OTDR 技术,将盲区缩小至微米级。

除了对 OTDR 指标要求越来越高,对 OTDR 功能模块小型化的要求也越来越高。OTDR 功能模块作为测量模块被集成到通信设备的单元电路中。

6.3　光缆线路测量、监测要求的提升

使用 OTDR 对光缆线路进行维护,传统做法无非是获得光缆线路的衰减参数、故障点的位置。随着光缆网络的发展,网络规模越来越庞大,工作环境也越来越复杂,并且随着光缆敷设时间的增长,光缆性能劣化不可避免,出现故障的概率不断增加,仅靠传统的维护方法可能就不够,或者使用传统的 OTDR 测量手段来维护光缆线路,工作效率不够高效。为了应对新的需求,出现了新的测量方法,不妨将这些新的测量方法称为升级版的 OTDR 测量。

传统的光缆监测系统可以监测光缆网络线路的工作状态,当光缆受外界因

素影响,发生中断等严重故障时,立刻向维护人员发出告警,给出发生故障的准确地点,便于维护人员在较短时间内赶到故障现场,及时排除故障,恢复光缆线路。但传统的光缆监测系统是在光缆发生故障后才能获知状况,然后才向维护人员发出告警信息,可以说是一种"事后"监测系统。现在国内城市建设发展迅速,道路施工、地下管道施工(常见的如顶管施工)经常造成光缆线路被破坏。对于这种情况,传统的光缆监测系统是无能为力的。因此,光缆安全预警系统被光缆网络运营者颇为重视。

6.3.1   光缆故障位置快速定位和快速追踪

例如,在传统的光缆排障中,采用普通 OTDR 测量,获得的是光纤的光学长度,这就存在一个问题,因为光缆的余长、线路中光缆的预留长度,使得仅凭光纤的光学长度并不能直接得到光缆的长度,也不能直接获得光缆故障的位置。在判断光缆故障地点时,常常需要对比故障前后保存的光纤测量数据、OTDR 迹线、光缆余长系数、光缆预留长度等参数,才能估算出光缆故障点位置;或者需要以某个距离故障点较近的光纤熔接点(物理上对应光缆保护盒)为参考点,以减少光缆余长系数、光缆预留长度等因素对光缆故障地点准确判断的影响,才能尽可能准确地给出光缆故障地点范围和地面地理坐标,让光缆抢修人员能够准确、快速地找到光缆故障点。但从大量的实际工作经验来看,即使是光缆线路的数据保留完好,估算出的光缆故障位置也常常出现 50~200 m 的误差;使用以光纤熔接点为参考点的方法,也可能因为光纤熔接点损耗小、OTDR 迹线上不明显,而不得不打开光缆保护盒,对靠近光纤熔接点的光纤进行弯曲,加大光纤熔接处的损耗,这种操作不但有风险,而且增加了排障时间。对于被施工机械破坏、车辆挂断等类型的故障,光缆被破坏的外观特征比较明显,50~200 m 的位置误差尚在目视范围内,对判断故障位置影响不大;但对于一些较为隐蔽的光缆故障,如老鼠咬坏的管道和埋地光缆、被石块挤压损伤的光缆,外部损伤小但内部出现断纤、断股现象,或者是过度弯曲之类的故障,在故障处光缆被破坏的外观特征不明显,50~200 m 的定位误差就会使故障定位难度大大增加,维护人员需要对这 50~200 m 的光缆进行仔细观察、辨别,才能确定光缆故障点的准确位置,如此一来,寻找故障点的时间较长,导致浪费大量的抢修时间,在迫不得已的情况下,为了节约时间,有时维护人员干脆将光缆故障点前后几百米的光缆直接替换。

因此,光缆故障位置快速定位和快速追踪要求被提出。为响应新需求,按照授权号为 CN104378156B 的发明专利中所述方法,桂林聚联科技有限公司率先在国内推出了 TF 系列的光缆故障追踪仪。

在 TF 系列的光缆故障追踪仪中,除了具备普通 OTDR 功能模块外,还采用 P-OTDR 功能模块。在进行光缆故障位置快速定位和快速追踪时,首先所用普通 OTDR 功能模块测量光缆故障点的光纤长度,初步判断光缆故障位置后,在距离光缆故障位置 200~500 m 的光缆上选取一个参考点 A,然后弯曲参考点 A 的光缆,弯曲曲率半径大于光缆直径的 20 倍,但小于 50 cm;再通过 P-OTDR 功能模块获得光缆弯曲点 A 的光纤长度,比较光缆故障点和光缆弯曲点 A 的光纤长度,得到两点之间的光纤长度差值 L,再根据光纤长度差值 L、光缆余长系数(粗略的),并以 A 点为参考点,找到光缆故障点的真实位置。对于管道光缆,通常将参考点 A 选取在人孔处,以便于弯曲光缆;对于架空光缆,则可以将参考点 A 选取在盘有预留光缆之处,在地面使用长杆拨动预留的光缆即可完成弯曲光缆的动作。

对于埋地光缆,不一定能够方便地弯曲光缆,而敲击光缆则方便得多。因此,桂林聚联科技有限公司又推出了 TG 系列的光缆故障追踪仪。TG 系列的光缆故障追踪仪包含三个功能模块:普通 OTDR 模块、P-OTDR 模块和微分 φ-OTDR 模块。普通 OTDR 模块、P-OTDR 模块完成的功能和 TF 系列的光缆故障追踪仪相同,而微分 φ-OTDR 模块则可以用于光缆振动定位,即在参考点 A 处,只要轻轻敲击光缆即可测量出 A 点的光纤长度,以便完成光缆故障点的查找和追踪。

6.3.2　光缆识别

这里叙述的光缆识别有别于十几年前就已出现的光纤识别。

光纤识别常用于通信机房内,对软光纤跳线的识别。这种光纤识别的原理:在 a 端输入光信号,或光纤中本来就存在通信光信号时,有规律地弯曲光纤;在 b 端,弯曲光纤造成光从光纤中泄漏出来,然后探测泄漏出来的光信号,判断探测到的信号是否是 a 端产生的信号,由此识别目标光纤。

而光缆识别是针对光缆而言,这里指的光缆是有铠装层的光缆,在没有去除铠装层、取出其中光纤的情况下,不能使用上述光纤识别方法进行识别。

光缆识别需求来源于对室外光缆线路的维护。

在光缆线路中,有很多情况,在同一管道、同一人井中,存在数根光缆,由于时间久远或其他原因,光缆上的标识不全或丢失,无法辨认哪一根光缆是自己的,这时就需要对这些光缆进行识别,否则盲目处理光缆,极有可能造成重大损失。

早期采用探测电磁波的方法进行光缆识别。通常大部分室外光缆的铠装层或加强芯为金属材质,可以在光缆一端输入一个电磁信号(如频率为几十千赫兹的电信号),然后在待识别光缆处探测是否存在相应的电磁信号,以此识别出目标光缆。

使用探测电磁波的方法进行光缆识别存在以下两个问题。

(1)在光缆施工时,出于光缆防护雷击的需要,两段光缆之间的光缆保护盒中通常对两段光缆的铠装层或加强芯不进行电连接。这样的话,从光缆一端的铠装层或加强芯输入的电信号就传不远,在远处进行探测电磁波的光缆识别就不可行。

(2)实际光缆线路中,常常会出现数根光缆并行然后再分开的情况。由此导致从一根光缆输入的电磁波信号串到其他光缆上。出现这种现象时,也很难有效地进行探测电磁波的光缆识别。

采用 Sagnac 光干涉仪的光缆识别仪最早由英国电信公司提出。Sagnac 光干涉仪的光缆识别仪需要使用光缆中的两根光纤构成 Sagnac 光干涉仪。当测试人员轻轻敲击光缆时,产生的振动引起光纤的折射率发生变化,通过 Sagnac 光干涉仪可以探测该振动,由此判断被敲击的光缆是否就是寻找的目标光缆。

现在国内的光缆识别仪比早期 Sagnac 光干涉仪的光缆识别仪性能有所提升,只需要使用光缆中的一根光纤,而且只需要在光缆的一端操作即可,也不需要进行光纤环回或在光缆的另一端接光纤反射器或要求光纤端面具有较强反射能力(如小于 −25 dB)。

P-OTDR、φ-OTDR、R-OTDR 和 B-OTDR 都可以用于光缆识别。使用 P-OTDR 时,通过弯曲光缆进行光缆识别;使用 φ-OTDR 时,通过敲击光缆进行光缆识别;使用 R-OTDR 时,通过加热光缆进行光缆识别;使用 B-OTDR 时,通过加热或弯曲光缆进行光缆识别。虽然这几种 OTDR 都可以用于光缆识别,但由于 R-OTDR 和 B-OTDR 成本较高,极少被用于光缆识别,通常是将 P-OTDR、微分 φ-OTDR 用于光缆识别。

除了在数根光缆中找到目标光缆,有时需要知道目标光缆在地下的位置,或者地下、管道中是否有目标光缆经过,这时可以采用 φ-OTDR(包括微分 φ-OTDR)来完成测量。

　　通过在地面上敲击地面的方式,在远端使用 φ-OTDR(包括微分 φ-OTDR)探测被测光缆是否出现振动,以此判断被测光缆是否经过被敲击的地面之下。

6.3.3　光缆安全预警系统

　　光缆安全预警系统是当前光缆监测系统的升级版,属于一种"事前"监测系统,当光缆线路附近存在可能危及光缆安全的情况时,在光缆被破坏之前,及时发出告警,提示维护人员,使维护人员能及时消除或阻止危及光缆安全的情况发生。

　　光缆安全预警系统可由 φ-OTDR(包括微分 φ-OTDR)构成,它可以探测距离光缆 10 m 之外的由挖掘、钻孔等机械施工引起的强振动,在振动强度超过阈值时发出告警,而对附近道路经过的车辆、行人产生的振动则不会产生虚告警。

　　光缆安全预警系统可以对引发告警的振动源进行位置定位,使维护人员了解告警发生的地点,以便及时前往进行处理。

参考文献

[1] Govind P.Agrawal. 非线性光纤光学原理及应用 [M]. 贾东方,余震虹,谈斌,等,译. 北京:电子工业出版社,2002.

[2] 孙清华. 光电缆线务工程(下):光缆线务工程 [M]. 北京:人民邮电出版社,2011.

[3] 张锡斌. 光缆线路工程 [M]. 北京:人民邮电出版社,1992.

[4] 廖延彪. 偏振光学 [M]. 北京:科学出版社,2003.

[5] 廖延彪. 光纤光学 [M]. 北京:清华大学出版社,2000.

[6] 中华人民共和国工业和信息化部,光缆线路性能测量方法 第 1 部分:链路衰减:YD/T 1588.1—2020. 北京:人民邮电出版社,2020.

[7] 中华人民共和国工业和信息化部,光缆线路性能测量方法 第 2 部分:光纤接头损耗:YD/T 1588.2—2020. 北京:人民邮电出版社,2020.

[10] ITU-T G.652—2005 单模光纤和光缆的特性 .